U0359059

地方志災異資料叢刊

第二編

34

于春媚　賈貴榮　編

國家圖書館出版社

第三十四册目録

(清)吴之鋘修　(清)周學曾、尤遜恭等纂

【道光】晉江縣志

福建省圖書館藏抄本

晉江縣志卷之七十四

祥異志

在天成象在地成形人於其間三才並建常也粤若太古以來天苞行地符出人中壽者年幾百歲三代之初太和詳洽諸福之物可致之祥靡不畢集降自後世始有日月星辰雷電之差陵谷草木鳥獸之變札瘥癘疫凶殄之異然而聖王在上參天地贊化育斡旋造化民物恬熙蓋不言符瑞而太平之象無以加焉

國家平成紀績累洽重熙
皇上御極之初即慶五星之聚而
聖懷沖挹不侈祥符蓋以清明廣大為心而以博施濟衆
為量懿哉鑠乎洵上古之隆軌也志祥異

唐貞觀二年蝗（閩書）

二十一年八月海溢（文獻通考）

宋太平興國八年大風為菑（隆慶志）

至道三年五月甘露降（閩書）

咸平三年二月甘露降（閩書）

天禧五年三月甘露降通志

治平三年六月大雨城市水漲壞民屋廬數千百家閩書

四年秋地震如雷閩書

熙寧二年大風雨溪流與潮相激漲溢損田稼漂民廬舍文獻通考

十年饑萬歷志

紹聖三年粟一本五穗八穗是年七月大水三日壞城郭廬舍隆慶志

崇寧元年大旱水泉涸山中民汲水至二十餘里鄉人多

暍死閩書

大觀四年十二月二十日大雪文獻通考

紹興三年七月丙子大水壞城郭廬舍文獻通考

隆興二年饑隆慶志

乾道三年五月郡城火是月丙午大雨四旬晝夜不止閩書

淳熙元年十二月丁巳火燔城樓延燒五十餘家是年無禾文獻通考

十一年四月不雨至于八月是年無禾隆慶志

嘉定九年大水漂田廬害稼文獻通考

十六年秋大水壞田稼 文獻通考

元至元二十七年二月癸未地震丙戌復震六月大水 元史

泰定元年饑賑糶有差 元史

元統元年六月大水漂民居數百家 元史

至正二年九月大風雨 閩書

九年七月庚寅大風雨 元史

十三年七月雨白絲丁卯海水日三潮 元史

十四年大旱種不入土人相食 元史

明洪武九年大水漂沒民居無數 通志

二十一年四月壬申地震五月庚子地復震八月壬辰又震閣書

二十九年十二月壬辰地震閣書

三十一年大水壞民廬舍萬歷志

永樂十四年饑雍正志

正統十年五月大水壞城郭廬舍閣書

景泰二年旱萬歷志

六年旱雍正志

天順二年饑隆慶志

成化十二年大旱饑 通志

二十一年自春徂夏積雨連月田廬禾稼多為所壞 閩書

二十二年春三月旱無麥夏五月六月大旱禾苗俱槁秋復旱民多流移九月地震三次 隆慶志

二十三年春旱無麥秋大旱無禾 閩書

宏治六年八月初三日大風雨自卯至申揚沙石開元寺西塔崩舊傾覆林木折無數城鋪粉堞頹十之九壞官私廬舍商船民船不可勝計是年大有秋甲寅麥收大熟 萬曆志

八年九月地震萬曆志

十一年四月大水萬曆志

十二年自夏至冬大旱甘蔗生花結實如黍是年大饑萬曆志

十三年三月地震有聲閩書

十四年正月十七日地震是年大旱無禾明史

十五年地震通志

十六年七月九日大水漂沒民居

正德八年饑旱民採草木實有餓死者閩書

十一年八月地大震閩書

十二年地生毛一夜長二三寸或四五寸有白有黑民驚駭莫知所為兩閱月乃沒閩書

十四年地震明史

嘉靖十一年冬泉州雨雪次年大熱通志

十五年丙申十六年丁酉旱饑民多流殍閩書

二十三年五月南門橋十字街燔民居三百七十餘間是年至明年相繼大旱民饑死者載路通志萬曆府志合纂

顧珣與郡太守書珣聞之陽能和陰則雨降若歲大旱

則陽不和陰可知陰不侵陽則地静若地頻動則陰干於陽又可知此不易之論也吾泉自冬徂夏亢旱不雨正二兩月地動六次天之示人顯矣可不恐懼修省也哉昔成湯憂旱六事自責周宣憂旱側身脩行古人應天以實不以文也仰惟執事拈香明神沿途禮拜祈求雨澤可謂誠懇矣其如后稷不克上帝不臨何況今歲麥無収田疇難種百姓困窮朝不及夕嗷嗷待哺將委溝壑夫物極則變禍深難測不可不早為之慮也且救荒之政散利薄徵刑舍禁最是切要伏乞將今歲全災

作速奏報遐邇餓莩發粟賑濟未納錢糧暫為停徵拾休商船兩平糴買無情健訟勿行勾擾監禁輕犯令其召保庶天意可回矣願執事留念焉生民幸甚生民幸甚又書老夫耄矣素不敢干預官府之事因見吾泉今歲旱傷重大百姓艱食曾陳救荒之策諒徹台聽矣茲又喋喋〻，聒何哉蓋吾泉回祿之災間或有之雖守者之弗戒實氣祲之攸積有燒燬一兩家者甚至延燒一二十家者未有若近日南橋之變延燒四街計其房價家貲燒燬搶失共銀十餘萬兩計其露宿乏食之民共四千六百有奇民患於露宿非錢財不可以堅屋民患於乏食非穀粟不可以濟饑此理之必然也按左氏鄭災子產臨事而備寬其征與之財三日哭國不市使行人告於諸侯陳不救火許不吊災君子知其先亡也恭惟朝廷設官本以為民學者立心亦期及物今南橋四衢百姓方遭饑饉薦臻之時又罹焚燬赫烈之慘富者尚能支持貧者將何賴乎以德消變轉災為祥於仁人君子深望焉近聞大巡藩臬諸公於禱雨救荒議獄省刑最為留念執事本當奉行至懇至懇

二十六年八月大雨郡城南街水入人家深至半壁各鄉俱水災

三十六年冬訛言有馬精者其來見火星隕地婦人犯之輒昏仆以桃栁枝鞭之乃甦否則必死户懸桃栁夜聚婦女露坐男子環守之鳴鑼鼓達旦有司禁不能止有黃冠者畫符於市捕訊之果得所為火星衆始釋然妖遂寢

四十一年郡城瘟疫人死十之七市肆寺觀屍相枕籍有闔戶無一人存者薰蒿悽愴不可忍闔市門俱閉至無

敢出（闕書）

四十三年五月淫雨不止大水入郡城鄉村皆浸人畜多死（闕書）

四十四年十二月初六日大雪山村雪厚至三四尺四五日方消郡從前少雪人以為異

四十五年正月元日夜地震牆屋搖動五月二十一日夜郡城大風雨如雷響城樓鋪垜多壞清軍館前大榕拔起田禾多害

隆慶元年正月二十九日酉刻地震二月二十一日未時

小震四月初三日酉時又震初八日雨至五月初一日

乃止是月有豹入郡通淮門至於教場獲之

二年正月十四日石筍橋第十二間有梁一鳴三日而折

是年春麥禾大熟是年至萬歷元年俱大有年閩書叅通志

萬歷二年八月四日地震紫帽山裂九月暴雨三日洪水

高漲郡城東西隅尤甚市可行船廬舍傾圮頻溪民畜

溺死無數萬歷志

七年正月不雨大旱蝗民饑饉六月乃雨閩書

十一年八月至次年正月陰雲不開雍正志

十三年大有年劉書

二十四年九月地大震洛陽橋扶闌多墜于海

二十八年大水

二十九年六月六日大水七月大水自永春山中發溢入
郡城

三十一年十一月二十八日申時有火星如毬自南有聲

是年泉漳人販呂宋者數萬所殺無遺

三十二年十月初八日地震初九夜大震自東北向西南

是夜連震十餘次山石海水皆動地裂數次郡城尤甚

開元東鎮國塔第一層尖石墜第二第三層扶闌因之併碎城内外廬舍圮覆舟甚多萬曆志

三十三年十二月南街頭火發延燒百餘家南至李璋巷口東至四科亭西至旌孝坊南附近木石坊俱燬

三十四年八月初七日颶風異常作一晝夜城中石坊飄倒十餘座開元東鎮國塔銅葫蘆鐵蓋飄折崩壞是年饑閩書

三十五年正月地震門戶摇動有聲八月二十八日颶風大作府儀門府學櫺星門顛東嶽帝殿壞壯門城樓半

圯城自東北抵西南雉堞窩鋪傾圯殆盡洛陽橋樑折

城中石坊飄倒六座

三十七年五月初六日地震門戶屋瓦俱搖簸有聲

四十一年秋旱閩書

四十二年夏海水一日三潮秋大水平地數尺田宅廬墓

多壞

四十四年大饑福建通志是年鰲頭鄉神廟忽有獸眷自海上

飛至轟然有聲司空日記

四十五年大饑疫閩書

四十六年六月有赤白雲一片長丈餘似刀形俱於夜分後見于東方閱數月乃止

崇禎四年十二月二十一日丑時地震通志

五年二月初二日地震通志

十年二月初二日清源山異雲湧起如沸風雨大作平地水深數尺新橋淹沒司空日記

十二年八月十七日大風

十四十五年每日申未之交西南方天色如血未幾諸邑遂有斗桃亂民之變司空日記

十五年雨水如血通志

十六年郡城東塔有海鳥二色白大如車輪飛則腥穢遠揚司空日記

朝順治四年雨絲通志

五年八月清源山蜆巖頂石崩是年饑通志

十一年七月十二日龍起雁兜鄉經過處有火光壞民居無數神廟中拋出泥像數軀

十二年冬十月雨絲通志

十三年正月大雨雪平地三尺許

十四年六月雨絲通志

十五年五月虎入北門水關通志

十六年九月大風災

十八年秋颶風大作晝暝通志

康熙元年海中有人面魚豎起水面見人笑而沒是年大饑

二年春雨雹

三年正月初九日九虹並見六月六日暴風雨水驟漲自辰至申水高丈餘城中市肆湮沒溺死甚衆三晝夜乃

退十月初旬彗星經翼宿長丈餘西北直抵婁宿歷十
有三舍積月餘乃消
四年大旱自十月不雨至五年三月通志
五年七月雷震紫帽山頂凌霄塔崩八月郡東門外巨石
夜裂
六年大有年通志
七年府學榕樹生玉芝三莖八月大水壞民居禾稼
八年秋大旱通志
九年四川以獻雨穗麥秋九月朔風雷暴發大雨雹通志

十年十月地震（通志）

十二年三月十六日午地震聲如雷（通志）

十五年四月十六日大水民畜溺死甚多（雍正志）

十七年城鳴聲如微雷（通志）

十九年大饑是年六月有星孛于西南經月乃隱八月大風拔木空中火光如電雨如注（通志）

二十一年二月東門外民家豕生豚兩頭八足是年七月中夜有大星十餘各曳長尾其色慘淡自西南入于箕尾分野（通志）

二十二年海不揚波澄泓若鏡是年臺灣平雍正志

二十三年五色雲見雍正志

二十五年秋九月地震雍正志

二十六年五月大風禮拜寺塔圮雍正志

二十九年大有年雍正志

三十年大風雨海溢數丈

三十四年四月二十日大雨五月初六日辰時安平東塔傾圮

三十九年芝生長者盈尺雍正志

四十二年旱無禾雍正志

四十七年戊子大饑疫雍正志

四十八年己丑大饑疫八月朔辰刻昏黑如夜通志

四十九年大水雍正志

五十年六月地震七月又大震通志

五十二年二月地震

五十六年冬火燒麗正門樓雍正志

五十七年戊戌八月初二日大水海漲入城高數尺新橋

石梁衝壞人畜多溺死通志

六十一年正月石筍橋第三坎鳴有聲隨折墮水六月颶風害稼雍正志

雍正二年六月大水府學文廟圮

五年五月米貴八月大雨溪漲

六年秋旱南安同安同旱

七年五月東門外嘉禾兩穗通志

八年七月十六日大水漲入郡城通志

九年大有年雍正志

十年八月八冰

乾隆六年七月十八日安平海水漲高西橋五尺

十三年大水壞民居無數

十八年夏大疫至十九年秋乃止死者無數

二十二年旱饑

二十三年旱饑

二十四年雙門前火延及明蔡文莊清理學名臣坊

三十九年四月十一日雷大震一聲斃三人相離甚遠一在巷口公老婦人一在西門外瀋山一在東門外洗嘉坑係武生

四十一年四月初十日黑暗如夜狂風大雨虯龍疾掃府學明倫堂全場有人蓋在大鍾裏撇開人存

四十五年蜺巖裴仙公頭墜是年旱

四十七年六月初八日狂風暴雨樹屋傾倒甚多開元寺東畔鎮國塔葫蘆飄倒是年臺灣漳泉人變

五十年夏五月東南方大星墜聲響如雷光焰如日是年蜺巖裴仙公頭墜大旱

五十一年元旦日食四月裴仙公肩墜冬林爽文亂

五十二年二月初五日大雨雪三日衆山滿白是歲饑

五十三年春二月雨雪下如跳珠是年大疫死者無數

五十五年六月清源霞茂山崩

五十六年春二月地生毛沿陌石罅長二寸許似赤伺毛三月地大震滦市匪法蘇滦結黨有司獲斬之

五十七年夏七月朔中午日華現圍廣二丈餘五采鮮明

五十九年春蜈嶺裴仙公首隳秋大水壞民居者無數安平西埭冲塌

六十年自春至夏大饑民多流殍有司及紳衿賑濟

嘉慶五年八月初五日起至十四日止大雨淋漓東北廨屋及大樹倒壞無數

七年南門橋十字街燔民居七百七十餘間

八年夏大水壞民居無數

九年安平西橋五港水魔迷人禳之乃止

十年正月初三日大雪

十三年六月十五夜地大震大聲

十四年夏秋兩次大水

二十年夏大旱三個月秋地震冬又震

二十一年夏大饑賑濟

二十二年春大疫

道光元年大疫死者無數

七年八月安平西塔雷震擊塔葫蘆壞

九年六月二十三日未時大雨雹

人瑞

宋劉熅壽百有三歲太守真德秀爲建壽母坊閩書

明尤景元成化間石獅人壽百有二歲妻慈肅陳氏壽九十九歲

翰林院庶吉士郭宙妻李氏壽百餘歲郭氏家乘

參議朱安期妻李氏壽百有一歲景璧集

徐寅第字爾燦壽九十一子霞彩康熙乙未進士依舊志載

蔡真生品行端方壽八十四歲天順間鄉飲大賓朱鑑題

贊子紳孫曾以下祐克康應麟一聯見選舉（依舊志載）

柯元雍封奉政大夫壽九十三歲見子乾敷服官贛州府同知致仕歸養孫毓奇登科（依府志載）

周建子邑庠生壽八十三歲（依舊志載）

顏越回春父壽九十四歲嘉靖間受恩錫（依舊志載）

胡賢祖守宗胞兄壽九十五歲恩授正八品儒官三領鄉飲酒大賓（依舊志載）

國朝

黃縉紳（即其人）壽百有四歲。相國李光地贈以匾康熙年間

賜令建坊雍正志稿

李文治壽百有二歲康熙四十九年蒙　恩建昇平人瑞

坊

顏元謨壽八十七歲康熙年間受　恩錫依舊志載

洪應第年八十八好義樂施康熙間懇憲題准設立花户

徵納民免差累以子範　封一品孫繼龍曾孫秉彝聯

科甲依舊志載

顏鍾琬壽九十歲乾隆元年受　恩錫依舊志載

蔡志重允封贈府志記世重壽九十二歲妻曾氏壽九十歲齊眉偕

老眼兒子澄服官泗水令鄉人稱羨卒 贈文林郎妻

贈孺人（依舊志載）

蔡鍾旻壽九十二歲雍正元年蒙 恩賜修職郎其長媳

王氏時春以諸生師顯母現年八十三歲雙眼久晦重光

紳士作詩以贈之（依舊志載）

蕭韶增壽九十歲蒙 恩賞賚著鄉侯師儉十二則家訓

孫邑諸生大成現年八十三歲（依舊志載）

黃承鄉孝友敦行壽八十歲受 恩錫孫謙萬舉人（依舊志載）

莊守靜壽八十六歲嘗逆虎救顏氏母入賊寨出被虜鄉

民人𤀹義勇（依舊志載）

朱伯邑諸生鄉飲介賓現年八十歲邑侯于贈以耆德英才酉胞弟宸子蓮俱舉人（依舊志載）

何闢業年八十七慷慨尚義孫一貫拔貢生（依舊志載）

莊延祁年八十歲有孝行往廣東聞母訃絕粒七日樂墓行恕人皆士之（依舊志載）

林士駉監生鄉飲賓現年八十一歲以子受封妻王氏亦現年八十餘歲人稱耒艾云（依府志載）

賴芳衍民兄翹因父病採藥亡次兄炳痛父兄歿亦卒衍

事母孝每朔望省父墳數千里往返撫伯兄子貢生光遠次兄之嗣以次子珪繼之老年建祠修譜郡縣延為鄉賓依舊志載

知府邵錫母丁氏壽百有二歲

陳兆蕃拔貢生妻蘇氏壽一百歲

林焜府志作林焜長妻吳氏壽百有二歲邑令黃昌遇給以壽母匾額

顏廷椿妻邵氏壽一百歲以百齡節孝旌表建坊

施世驄妻黃氏以節旌年至百歲請建坊

顏益仲妻曾氏壽一百三歲

趙若鳳妻陶氏百有四歲疊受 恩賞

張錫圭廩生壽九十六歲五代同堂

吳志豪妻李氏壽百有十歲嘉慶元年題請建坊復額外

恩賜銀幣

陳南飛妻葉八守節壽百有三歲

何奎妻 氏壽九十五歲五代同堂

高漢淑壽百有三歲嘉慶十四年 恩賞銀緞建昇平人

瑞坊

王[illegible][illegible]儒士妻陳氏壽百有一歲嘉慶二十五年 恩賞

銀緞

黃良駿國學生妻林氏五代同堂子朝東職員清和延平

府學訓導清岳癸貢清峯國學生孫夢麟生員容光職

員世樞生員世璐生員世瑚武舉曾孫廷彪生員元孫

鳴盛嘉慶二十五年 恩賞給銀

吳開淑現年九十五歲五代同堂

王壽淑現年八十八歲五代同堂

蔡元簪現年九十六歲五代同堂

王老觀十六都深滄耆民壽百有一歲

王錐熊現年百有一歲子沐斌登仕郎沐績國學生孫金

贇邑庠生金書邑廩生

（清）吴裕仁纂修

【嘉慶】惠安縣志

民國二十五年（1936）林鴻輝鉛印本

惠安縣志卷二十五

祥異

祥異之見所以驗天人之感也天之占候以五星爲主金水附日一歲一周天火歲一周天木十二歲一周以其歲居一辰故謂之歲土二十八歲一周以其歲填一宿故謂之鎮九洲之土二十八宿主之天官書角亢氐兗州房心豫州尾箕幽州斗牛女揚州虛危青州室壁并州奎婁胃徐州昴畢冀州觜參益州井鬼雍州柳星張三河翼軫荆州五星有變動二十八宿所主之上諱孛客星犯之則其祥異有可知天人相感之理往往然也而又觀之以十有二歲之相占之以十有二風之行辨之以五雲之色蒼龍星與太歲可以參驗而占其穰饑風生於十二月之天氣十二風之地氣可以因之而察天地之和雲有五色古者觀之於二分二至青爲虫白爲喪赤爲兵爲旱黑爲水黄爲豐年其象本自昭然夫星土歲風雲凡此五物察之必有其候辨之不厭其詳夫而後發徵而爲之省飭象妃而爲之預備傳曰善不善必先知之畢待祥異之著哉青惠分晉江東鄉以爲邑其星象雲物與郡城相同自宋以來祥異之載於書者得致證而錄之知以是爲與加怨信務集淮海屬無益之談則又不然災發之消

在乎修德古今之鑑由於通儒因備列其占驗之經以俟識微君子時有考證之志祥異

祥異

宋太平興國八年八月大風嘉慶志仙遊盜起邑中戒嚴通志至道三年甘露降閩書

大中祥符二年詔頒占城稻種于民湖山野錄 閩地高卬遇旱則稻失收城稻種耐旱真宗遣使求之得其種一十石分遺各郡由是邑中有其種

咸平三年二月甘露降萬曆志天禧五年甘露降通志

治平三年六月大雨閩書四年秋地震有聲如雷文獻通攷

熙甯二年大風雨壞田禾民廬人有傾塌者文獻通攷

紹聖三年七月大雨壞廬舍是年粟一本五穗八穗嘉慶志

崇甯元年大旱人有暍死者閩書

大觀四年十二月大雪文獻通考

紹興十三年盜四起有開老虎詹鉄叉諸名擁衆肆掠越年山寇窃發邑戒嚴隆興二年饑并見閩書

乾道三年五月丙午大雨兩旬晝夜不止閩書七年島寇毘舍邪掠海濱諸村閩書八年復以海舟入寇

設水澳寨防禦之文獻通考

淳熙元年無禾七年海賊沈師肆掠并文獻通考十一年四月至八月不雨無禾歷慶志

開禧二年劇賊過海羅羅動天等作亂邑城門晝夜閉文獻通考

嘉定九年大水害稼十八年大水害稼俱文獻通考

咸淳末年海賊寇郡城邑中戒嚴閩書

景炎元年端宗航泉州蒲壽庚閉城拒之遂叛與田真子降元盡害宗室千餘人及士大夫淮兵之在泉者殆地至惠邑公私廬舍典籍蕩端抄燬無遺舊錄閩書

元至元二十二年正月癸未地震丙戌復震六月大雨元史 二十五年湖頭賊張治囝肆掠邑築寨虎窟備之元史

泰定元年十月無禾元統元年六月霖雨壞民居元史 至正二年九月大風雨三年郡人劉應纖作亂邑中戒嚴九年七月庚寅大風雨十二年仙遊賊剽掠築寨泉白嶺備之十三年雨白絲海水日三潮俱元史十四年旱種不入土閩書安溪南安賊圍郡城邑中戒嚴元史 十七年萬戶賽甫丁阿迷里可

及邑民受荼毒甚慘閩書二十二年回寇兀那納叛據郡城官兵從惠過抵郡千戶金吉開門納之遂執兀那納是年陳友定陷郡城傳檄至惠俱閩書二十五年湖頭賊張治囝剽諸邑元史

明洪武三年倭掠郡邑九年大雨俱通志

二十一年四月壬申地震五月庚子復震八月壬辰復震閩書二十九年十二月壬辰地震閩書

永樂七年螟螣令陳永年禱于城隍鴝鵒蔽空下食之舊志二十四年饑雍正志稿

正統十三年沙寇鄧茂七作亂剽掠郡邑令閔正僉大戶張頎轉向輸郡守態尙初與戰古陵陂死之

同安義民葉乘乾敗之海賊張乘鎌肆掠乘乾戰死備虎窟及沿海諸澳閩書

景泰二年旱萬厯志六年旱雍正志稿

天順三年四月旱苗枯損令王覽禱於神甘霖立沛遂有秋三年禾將熟颶風大作覽復禱於神風遂息不爲災舊志閩書

成化十二年大旱饑令康永韶設法賑之民免流殍舊志

二十一年自春徂夏雨連月害禾稼田廬閩書

二十二夏旱苗槁復旱九月地震三次并隆慶志

二十三年春旱無麥秋大旱無禾隆慶志

宏治六年七月初三日大風雨自卯至申發屋瓦折林木害禾苗城垣塌十之七八商船覆溺不可勝計民再播種是年大有秋明年麥大熟隆慶志閩書

八年九月初八日地震十一年四月大雨水并萬歷志

十二年自夏徂冬大旱甘蔗生花結實如黍是年饑萬曆志　十三年地震有聲十四年正月十七日地震是年大旱明史十五年地震

正德元年廣東寇吞邑俘貿易女索金帛官兵不勝禦南同溪受害最慘邑中戒嚴八年旱饑民採草木食并閩書十一年地震閩書十四年地震明史

嘉靖元年廣東汀漳寇合掠南同溪辛亥官兵敗於高坪綿歷葛彥被執乙酉復敗於霞村漳州通判施福被執七月掠興化甚慘邑兵兵備西南北諸山寨三年南同溪永德與漳兵合敗賊於雞母岫賊走小尤官兵四面圍之擒斬無遺捷報邑乃解嚴萬曆志閩書

十一年冬雨霽次年大熟 十五年十六年連旱民饑死甚多 二十三年二十四年連旱民饑死載道 閩書通志萬曆志

二十七年海盜阮其寶等掠海濱鄉村官兵平之閩書 按鄭普平寇紀寇阮其寶外尚有老歸四林朝毛等十八種賊亘浙患二十年而吾邑被害三四次是年太守程朝錫秀民財平之

二十九年訛言有馬精其來火星隕地婦人犯之輒昏仆桃枝鞭之乃甦否則死人家戶插桃枝夜婦人露坐易女環守鳴鑼鼓達旦禁不能止有黃冠者賣符於市捕訊之所謂火星乃琉黃和樟腦爲之妖乃息通志閩書馬精一名馬騮精 三十四年郡始有倭寇

三十五年指揮童乾濮禦倭戰死三十六年倭寇邑海濱諸鄉三十七年四月倭薄城時城新築令林咸偕紳李愷康惟心張宇禦之擒馘七十餘賊賊用呂公車攻城咸制敵樓三座外施絮被內藏兵器堅守七日夜援兵至倭乃遁越日倭分二隊一由清源寇南安一由海道來倭寇至鴨山林咸率鄉兵禦之戰死葬鴨山縣志閩書 三十九年四月倭攻崇武城千戶郭懷仁朱紫貴失守遂陷城據四十餘日燔軍民居大掠而去縣志閩書自嘉靖至隆慶三年閩始無倭患新志萬曆十四年倭將大舉入寇琉球人洩其謀令無人貢同安人陳甲商琉球歸上其事于巡撫趙參魯謀乃寢 四十三年五月大

雨四十四年十二月初六日大雪并閩書　隆慶元年正月二十九日酉時地震二月二十一日未時小震四月初三日又震初八日雨至五月初一日乃止萬歷志二年大有年通志閩書

萬曆元年大有年通志二年八月初四日地震萬歷志三陵稿七年正月不雨至六月乃雨饑閩書

十一年八月陰雲不開至次年正月乃霽雍正志稿

十三年大有年二十二年四月地震有聲如雷閩書

二十四年八月颶風大作九月地大震洛陽橋欄圮萬歷志　三十一年七月地震十一月二十八日申時有大星如球自南而北有聲商販呂宋者盡爲所殺閩書

三十二年十一月初八初九兩日地震府志

三十四年八月初七日颶風閩書

三十五年正月地震八月二十八日颶風大作傾塌城垣廬舍洛陽橋樑拆府志　三十七年五月初六日地震閩書

四十一年秋旱四十二年夏海水日三潮并通志閩書

四十年大饑司空日記四十五年大饑疫閩書

崇正四年十弍月二十一日丑時地震五月初二日又震并閩書

十二年八月十七日大風司空日記

十四十五兩年每日未申之交西南方天色如血未幾諸邑有斗姦亂民之變司空日記

國朝順治元年鄭聯鄭彩據廈門二年鄭芝龍降子成功入海三年大兵入泉從惠經過通志 四年十寇薄城總兵韓尚亮破之五年賊愈猖獗撤防兵文武入保郡城賊闖入刼掠一空七月大兵至賊遁去新志 七年鄭成功併聯彩據廈門八年巡撫張學聖提督馬得功統兵由惠往攻廈門成功遁八月成功復據之九年總督陳錦總兵出惠攻廈門不克九月固山金勵統兵過惠往廈門新志閩書 十一年二月有民家雞作人言十二月初四日寇入城焚掠祝前吏憐司空日記訓導蕭鳴鳳冠帶自經於廨宇

雍正志補十四年七月雨絲十五年雨水如血十六年秋颶為災十八年颶蠶暝四段通志 是年鄭成功入台灣據之司空日記

康熙元年鄭成功死子經僞襲司空日記二年春雨雹通志

三年六月初六日暴風雨十月初旬彗見翼宿長丈餘西北抵婁宿歷十有之舍月餘乃消 通志司空月

記 四年十月不雨至五年三月六年大有年銀一兩米八石八年秋大旱十年十月地震十二年三月

十六日地震有聲如雷 五段通志

十三年三月十五日耿精忠反傳檄全郡提督王進功縱兵焚掠諸邑盡降六年鄭經據郡城遣偽將

劉國軒耿精忠戰於邑之塗嶺精忠兵敗遁十六年二月大兵由惠抵泉各縣以次恢復十七年國軒

圍郡城持兩月援兵四集圍解十八年總督姚啓聖巡撫吳興祚大集舟師攻廈門鄭經走澎湖經死

子克塽僭襲 俱府志司空日記

二十一年七月初有大星十餘各曳長尾色慘淡自西南入于箕尾 通志

二十二年六月靖海將軍施琅統各陣克澎湖七月入台灣鄭克塽降是年海不揚波澄泓如鏡台灣

平 通志按鄭經之歿時有山賊蘇頁以白巾爲號伏宇溪劫掠草鋪鄉村政府人海又有紅巾賊衆亦千人入海十八年邑守備王烈剿匪于鄉碇等汛擒賊兵又追剿十吳陞等十九年偽將軍朱大貴林陞江欽黃應黃鎬等合三三百餘艘犯崇武吳陞許必我軍逆紅衣炮火抵崇餘岸伏炮轟擊賊列艘外洋鼓噪迎戰我兵分六股自已至酉相搏殺沉賊大小二十一艘守備王烈以是功加都督同知次日乘南風入崇武澳古雷上風衝出擊賊艘另冀支訊崇崇遁回廈門巢穴失衝志參爲公丘色提綫

二十二年五色雲現 雍正志稿

二十五年閏五月大雨浹旬城圯八十餘丈秋七月地震二十六年五月大風二十九年大有年三十年海溢四十二年旱無禾四十七年疫饑貴俱雍正志稿

四十八年八月朔晝暝如夜通志

四十九年大水穀貴雍正志稿

五十年六月地震七月又震五十二年地震俱通志

雍正二年大雨五年八月大雨八年九月大有年府志

乾隆十三年大風十八年大疫至十九年秋乃止

三十二年十二月十五夜邑治大堂傾圯明年令馬濬新建礦石橋大榕夜發火自焚

三十年街上行人忽冷風吹邑辮子不知何人割去渺無蹤跡自二月至九日乃止先是有外邑人沿村賣菜莉毫根鏈多鍵亦罕疑即此作祟

四十六年六月初六日大風雨自卯至戌飛沙走石偃折樹木傾圯墻屋哨船商航覆溺十之八九十七日有大星曳尾別五六星自西南飛至東北七月初七日復大風

六月初六日邑醮樓傾圮城塌二十一處共一百餘丈

卷三十五終

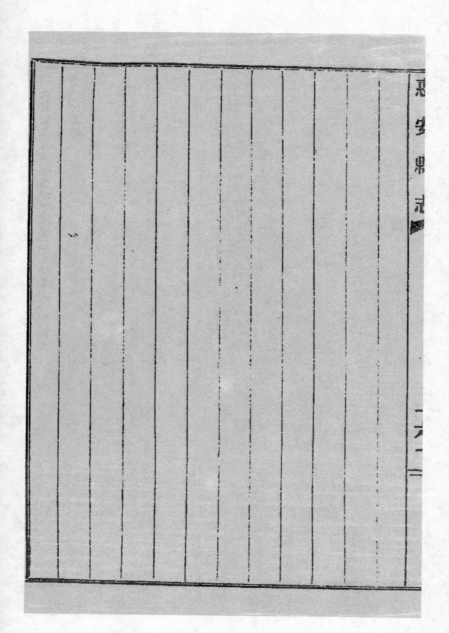

【乾隆】永春州志

（清）杜昌丁修　（清）黄任、黄惠纂

清乾隆二十二年（1757）刻本

永春州志卷之三十四

祥異

春秋書有年者二書災異者一百二十無非欲人恐懼修省謹於天人相與之際而言讖緯者必求其證驗毋乃鑿乎然漢書以熒惑守斗爲閩徙民江淮之應唐書以星孛於牛斗爲王潮起閩中之應其說又似有徵然則蠆尾豕牙跳梁吞噬亦上符元象而爲災異之大者耶今

聖主當陽百靈効順景星慶雲白麟朱草瑞牒不可勝書

而山無伏莽海不揚波承平百餘年尤爲亘古僅有

調玉燭因金甌稱極盛矣志祥異而萑苻亦附焉

元

至正二年九月永春大風雨象山崩

明

洪武二十年永春德化虎四出白晝噬人或夜闖門俱盡

洪武三十一年德化大水蕩民廬

成化十八年七月甲午大雨至八月丁酉永春民多溺死

成化二十一年春夏積雨永春田廬禾稼多壞

成化二十二年夏永春大旱九月丙寅地震

正德十二年永春德化地生毛長二三寸或四五寸石罅木柯皆有之兩閱月乃沒

嘉靖五年永春五月不雨至七月忽有物如瓜自天墜轉地有聲須臾大震雨下如注

嘉靖十六年六月大田建縣治五色雲見

嘉靖二十三年永春大旱大田饑

嘉靖二十四年十月十七夜大田有星自西流大如斗墜地有聲

嘉靖二十七年八月永春官田金峯山鳴儒林井水沸聲

如雷須臾溢出一月方退

嘉靖四十一年德化田鼠食禾次年民多饑死

嘉靖四十四年德化木氷四十五年正月大雨雹秋大旱

無禾

隆慶元年正月永春地震岐山崩壓死九人

萬歷二年二月大田大水八月地震

萬歷三年夏大田霪雨不止是年饑

萬歷二十五年德化大水

崇禎十五年德化雨水如血

國朝

順治三年二月大田地震屋瓦有聲

順治十三年正月永春德化大雪平地深五尺

康熙三年六月永春暴風雨大水漂民人廬舍是年無禾

康熙十五年四月永春德化大水民人死者無筭德化四

山崩裂水湧如泉半月乃涸

康熙十九年永春德化大饑斗米銀六錢冬有年

康熙二十八年德化禾一莖兩穗

康熙五十三年永春大雨水

雍正四年永春饑

雍正十三年永春大水壞田廬

乾隆七年永春德化三月不雨至五月乃雨

十三年元旦 文廟慶雲見

十八年四月大田大水漲淹仁美周田民人殆盡

萑苻 附

宋紹定二年汀邵盜晏彪等犯永春德化招捕使陳韡遣偏師討平之

鄭翹松等纂

【民國】永春縣志

民國十九年(1930)中華書局鉛印本

災祥

元至正九年七月庚寅永春大風雨象山崩民壓死者甚衆舊志參續文獻通考按今治南有盛氏者唐昭州刺史均之裔相傳原爲大族旁山而居是夜水發山崩被漂沒者三千餘人自是溪流改道而盛族亦微矣溪流舊自義烈祠北東流折北行出天后橋入萊門溪臥龍山崩大鵬山東偏諸水自此改道出龍滾入東嶽橋舊出大嶺山下經羅口入溪〇據盛氏譜稱全族被漂係前明嘉靖間事豈元詩所崩僅小部分至嘉靖時乃青[illegible]戲折盛譜係近時追輯于遠祖時代沿訛無從取正與且以水災如是之重明代官吏概不上聞明史及省志亦漠無考何耶抑係後列成化年事盛氏後人誤以成化爲嘉靖耶

明洪武二十年永春德化虎四出白晝噬人或夜入人家闔門俱盡　成化十八年七月甲午大雨至八月丁酉民多溺死　二十一年春夏積雨田廬禾稼多壞　二十二年夏大旱　九月丙寅地震　正德十二年永春及德化地生毛長三四寸不等石罅木柯皆有之兩閱月乃沒　嘉靖五年五月不雨至七月忽有物如瓜自天墜地有聲須臾大雷電雨下如注　二十三年大旱　二十七年八月官田金峯山鳴儒林里井水沸溢有聲如雷一月乃止　隆慶元年歧山崩壓死九人　萬曆二年八月地震

清順治十三年正月永春及德化大雪平地深五尺　康熙三

年暴風雨大水漂民廬舍時六月也是年無禾　十五年大水民人死者無算　十九年大饑斗米銀六銖冬有年　五十三年大雨水　雍正四年大飢　十三年大水壞民田廬　乾隆七年自三月不雨至五月乃雨　四十九年四月大水覆舟溺死二十餘人　六十年大饑民有餓死者　咸豐三年大饑　光緒十八年冬大雨雪　二十年始有鼠疫　二十八年七月初七日大水高陽及湖洋隄多崩圮水漲處草盡死右災

清乾隆十三年元旦文廟慶雲見　五十一年八月舉人王有源祠堂後生芝草一莖三瓣　光緒十九年大有年　二十七年夏文昌廟生芝草三莖大皆如盆右物瑞

明萬曆時民婦蔡眞賜妻林氏壽百歲有子六孫十六曾孫三十二元孫三　李開綻母蔡壽百歲其女適林氏者亦百歲　李于好妻黄壽百有四歲　清康熙間鄭用恩壽百歲　林壽我壽亦百歲　雍正間戴門陳氏壽百歲　鄭宣璋及妻陳壽皆百歲　光緒三十四年城東民鄭宇妻李氏一產三男右人瑞

【嘉靖】德化縣志

（明）許仁修　（明）蔣孔煬纂

抄本

紀異

宋

寶藏靈鐘

寶藏寺未建之時有牧者繫牛於此忽有一人追之須臾不見後即其地掘之得洪鐘扣之其聲鍧鍧然聞于數里後人爲蓋寺故以寶藏名焉 宋尉孫應鳳詩

畔鏗然寶藏鐘聲從何處入高墉
蜀巔囊臂今如許喚起窮廬一臥龍

仙人足跡

石磔山上有大石石上有一巨人足跡對山盤石上亦有之相距半里許跡長二尺經八寸相傳昔有仙人憇于石上

普光仙筆

普光寺昔有一道人来遊其間戲畫山水于寺壁水波洶湧如真尋失道人所在

蔣氏巨木

東西團有蔣氏者所居門外有巨木十四五圍葉有

稜刺莫知其名百鳥不敢棲

泥沙怒婦

惠民里下碧村相傳昔有一農夫耕于野婦饁之適飯有沙怒其婦欲毆之偶值張道人過見之為勸止道人一頓足而地震曰沙去矣今環村五里許無沙驗之信然

國朝

黑虎行災

洪武二十年以後黑虎為災群虎四出白晝噬人於

蝻下者或夜闔門以盡民緣是死以轉徙相續戶
口耗田野荒

白毛生地

正德十二年地發白毛延于八郡石罅木柯俱有之
一夜長二三寸或四五寸民驚駭莫知所為凡兩
閱月乃沒

德化縣志卷之十終

福州南郊吳子樵抄

（清）范正輅修　（清）方祚隆等纂

【康熙】德化縣志

清康熙二十六年（1687）刻本

祥異

林汪逵曰德自雷雨晝溪爰啓文明斯邑之祥也若夫地瘠民貧惟望年豐歲稔爲瑞乃歷數百年未聞書大有年者何其難也至災異見告時時有之水旱疵癘災不虛生誌以上聞當歷廟堂脩省之虛矧官茲土者也志

祥異

寶藏靈鐘　宋寶藏寺未建之時有牧者繫牛於此忽有一人追之須臾不見後即其地掘之得

洪鐘其聲鍧鍧然聞于數里後人[illegible][illegible]寺故以寶藏名焉

僊人足跡　石傑山上有大石石上有一巨人足跡對山盤山上亦有之相距半里許跡長二尺徑八寸相傳昔有僊人憩於此

普光僊筆　普光寺昔有一道人來遊其間戲畫山水於寺壁水波洶湧如真尋失道人所在

蔣氏巨木　東西圃有蔣氏者所居門外有巨木十四五圍葉有稜刺莫知其名[illegible][illegible]不敢栖

泥沙怒婦　惠民里下碧村相傳昔有一農夫耕於野婦饋之適飯有沙怒其婦欲毆之偶值張道人過見之爲勸止道人一頓足而地震因沙去矣今環村五里許無沙驗之信然

枯樹重生　明崇禎九年縣廨後山有樟大圍丈許枯已數年忽枝葉秀茂合邑以爲令姚暹愛民之祥

黑虎行災　洪武二十年以後黑虎爲災群虎四出或白晝噬人於牖下民閉門以避緣是死亡

相續戶口耗田野荒

白毛生地　正德十二年地發白毛延於八都至鋒木樹俱有之一夜長二三寸或四五寸民驚駭莫知所爲凡兩閱月乃没

嘉靖四十一年田鼠大作一畝之田至有數千者春食秧夏食苗畦畔介然鼠道草爲不生耕者望之涕淚而已次年穀貴人多餓死

四十三年五月十九夜暴雨黎明縣前水深丈餘衝激之聲若雷民居漂流過半牛豕畜類漂流

寒街而下不可撈救男女逃縣後山須臾間街

之南北不可相通東城崩壞無餘垂白之老謂

從來不見此水是年正月十六日大雨雹至七

月初十午忽然雲暗如昏大風猛烈冰雹如彈

人皆閉戶無河四山盡白平地盈尺須臾而銷

是年有蘇兩普干戈之警

四十四年十一月初四日寒甚雨灑林木盡冰人

稱罕見

萬曆四十五年丁酉大水漂沒廬舍民苦不可勝

計壞雲龍橋橋上溺死者復數十人

癸丑年復大水復壞雲龍橋民舍物畜漂溺亦多

崇禎十五年壬午各處雨水如血處有處無或一屋之溜左白而右紅者有人家承溜舉桶皆紅者見者驚疑以甕承空中亦紅白不等

國朝順治十三年丙申上元天寒大雪平地五尺許故老相傳以爲從前未見

康熙十五年丙辰四月十六日大雨溪水大漲衝邑西南門入城平地水忽湧出壩口淹屋白浪

滔天自東至西城垣樓屋漂沒底溺邑民千餘十存一二城治一帶濱水自上流塗坂至樂陶以下民遭溺無數沿溪田廬漂蕩殆盡水退死屍枕藉號泣之聲遍滿道路壞山崩裂山頂水湧出如泉半月始涸實有邑以來未有之奇災也時海賊擄邑

康熙二十年至二十一年附郭在坊等處虎白晝四出為災不匝月遭噬百餘人聞人喊聲虎隨即至人見一虎頭似馬項上赤鬣兩垂後腳獨

小後塗坂人伏銃殺之視其狀果然至冬又有虎在梅上中里噬人無數至二十一年其害未息

【民國】德化縣志

方清芳修　王光張纂

民國二十九年（1940）朱朝亨鉛印本

德化縣志卷之十八

祥異志一覽表

禾之祥一 花之祥六		康熙二十八年 順治十七年	康熙二十八年
	康熙五十九年 乾隆九年	雍正三年	乾隆五年
木之祥一 天之異十二		崇禎九年 嘉靖四十四年	仝 四十五年二
	崇禎十五年 康熙六十年	順治十三年 雍正七年	康熙五十九年 仝 十三年
	光緒十年	仝 十九年	仝 二十八年
地之異二 水之異十四		正德十二年 慶元五年	宣統三年 洪武三十一年
	嘉靖四十三年 康熙十五年丙辰	萬曆二十五年 乾隆三十五年	仝 四十一年 仝 五十五年
	嘉慶十六年 光緒十五年	道光二十九年 仝 十七年	同治七年 仝 三十年甲辰
火之異十	嘉慶十三年	雍正四年 道光六年	乾隆六十年 光緒十一年
	光緒十八年 光緒三十年	仝 二十一年 仝 三十四年	仝 二十九年
風之異一 旱之災四		宣統元年	

按邑故多旱田皆依山晴卽苦旱旱亦不爲害故記少
嘉靖四十五年　乾隆七年　光緒二十六年

光緒二十八年　嘉靖四十二年　嘉慶元年
旱之災十二

康熙四年　仝　十九年　仝　三十五年
康熙四十九年　乾隆八年　仝六十年

道光元年　仝　五年　仝　六年
光緒二十四年

獸之災五
康熙二十年虎　洪武二十年虎　嘉靖四十一年鼠
咸豐九年虎　光緒十七年虎

疫之災一　光緒二十六年
年之豐二　康熙十九年　光緒三十三年

祥異志

星象明晤不循其常則隨所屬而機先見詩書所載春秋所紀災祥之應歷歷不爽有則必書以志異也邑自雷雨晝丁祥固著爲而水旱災祲之警亦復不少前事不忘勸恤民隱者豈視等齊諧哉志祥異

宋慶元五年大水化龍橋圯卽今雲龍

明洪武二十年虎爲災縣虎四出白晝噬人於龍下或夜闖室盡噬繞并死亡轉徙相續戶口耗田野荒

三十一年大水縣前溪水漲壞民廬舍圯

正德十二年地生白毛石罅木柯皆有之一夜長二三寸或四五寸兩閱月乃沒

嘉靖四十一年田鼠爲災一畝之田多至數千齧食秋冬食盡晦時皆鼠遺草窠不生次年米貴

四十二年饑受上年鼠害至是米貴民多餓死

四十三年夏五月大水十九夜縣衛黎明驟雨水深丈餘衝激之聲若雷民居漂徙過半東城壞

四十四年冬十一月雨木冰初四日東北雨洒林木盡凝成冰

四十五年春正月大雨雹十六日　秋七月大風雨雹初十日午雷聲如吼雨雹似彈平地盈尺四山皆白須臾而消

同年秋冬大旱無禾

隆慶元年饑受上年大旱至是大饑

萬曆二十五年大水雲雷雨驟漲上游死者數十人廬舍民畜漂沒不可勝計

四十一年大水復被災饑饉民廬物畜漂溺甚多

崇禎九年枯木生縣署後垣有大樟合數抱枯已數年忽生枝葉論者以爲邑令姚還愛民之祥

十五年雨血雨水如血凡器皆紅亦有一器之中左白而右紅者以盂承之中亦紅白不等

清順治十三年春正月大雪十五日天寒平地雪深五尺許

十七年夏瑞蓮生 縣東沙提舊池蓮開五色明年李蓮恭登第

康熙四年饑 邑民多往戴雲山掘取上芮食之號以金稽土芮爲饑歉實假芋

十五年夏四月大水 十六日晨大雨已刻溪水暴漲入城平地水深丈餘出患淹屋白浪滔天邑城自西至東崩塌廬舍盡漂男女遭溺沿溪百餘里舖亦盡壞民居田禾漂沒殆盡時海澄進士李懷恭任德邑令賦詩以紀之山城高踞鎖暴流每及趾不測丙辰夏兵燹更厄水蛟螭闢郭門狂奔如發矢一半入洛陂良如去秋蟻父覓子狂呼夫覓婦沉委赤復盈閭行男女在床第家傳說凝魂沉沙或攀賦招魂閣一壁投棂蓋日紀更有全家浮沉泛一陌紙願有望洋嘆喔施朱救是誰知其沒中從誰淡生死城東版築興取石吾防門此流亡餘何須念故墾細問故鄉人入城俱非矣沙石積宜建德舊日市百姓生散逢賦亂何時已

十九年春饑 米斗銀六錢 冬有年

二十年虎爲災 時邑在坊新化等里虎白晝四出傷人畢隨至不旬月呑噬百餘人下寂鄉民虞乘愿等伏筅殺一虎剖腹驗視上有鱗甲後左脚有小足多又有虎在梅上梅中等里傷人甚多至二十二年患始息

二十八年秋嘉禾生 一莖兩穗或三四穗 華實爲瑞 縣署後圃叢中挺一幹開花並蒂次年舉國瑞也一蒂同實知縣范正輅附圖學入院臨泰以詩紀瑞詩見藝文

三十五年大饑明年又饑 知縣嚴居敬賣粥以賑

四十九年饑

五十九年春正月大雪 平地深五尺許 夏六月瑞蓮生 在程田寺池中

六十年夏五月邑北雨水赤 在小銘社著物如染

雍正三年夏五月邑南瑞蓮生 石傑鄉鐵斗紋池中

四年秋八月塔岸街火延燒數十間

七年春正月大雪

十三年春正月大雪林木盡冰

乾隆五年夏閏五月瑞蓮生南學社稷香壇池中

春三月旱至于五月野多石田

八年饑米貴

九年夏四月學宮瑞蓮生知縣曾鼎梅植蓮於泮池逾月瑞蓮生次年王必昌登第

三十五年春三月邑西大水十九夜澗口鄉蛟洪爲災鄉民曾士猶一家男女二十二口淹沒二十人藏匿二人與冀

五十五年秋七月大水十七日晝夜大雨溪流暴漲壞城垣百丈

六十年春邑北赤水街火

同年冬荒縣中千餘斗米遂有餓殍知縣總慶新詳請平糶

嘉慶十三年邑北赤水街又火

十六年秋八月大水十六夜大雨水暴漲壞城垣十餘丈

道光元年饑米貴高昂知縣艾燦捐俸平糶穀三千餘石

五年饑知縣王捐俸平糶穀二千餘石

六年塔岸街火雷州橋上店屋均被焚自是永禁不許復架

同年饑知縣實捐俸捐平糶穀三千餘石

二十九年秋九月邑北大水初六夜下湧潮大雨水漲沖壞鄉市二十餘間淹斃鄉民十餘人田園淤沒大圍坂一帶田地悉成沙石

咸豐九年夏六月邑南虎為災石條壯邊虎為患白晝噬人梅鄰邊一時噬斃三命牲畜被害甚多人家未昏閉戶至冬患乃息

同治七年秋七月邑南大水初七日石條社大雨沿溪民居變成澤國廬舍田禾悉被淹沒人畜溺斃甚多八九兩年均大水惟為害較前稍殺

光緒十年慧星見餘乃沒是年法夷攻我馬關破之民間謠傳驚惶議和約成乃靖

按自此以後時有慧星見從略國中大故日多內則各省水旱遍饑疫災疊見年各省外則與國從海倒逼求和條約歷立喪權弱國漸至覆亡

十一年夏四月岳美街火二十二日晚由試軍兩水巷頭起火延燒十餘家

十五年夏溪南大水下溪水漲入南市坂高至丈餘廟邊大路二破化人畜無恙

十七年春三月邑東虎為災石門鄉虎甚為患鄉人吳至錦同父及幼弟往山採筍父被虎噬錦在後奮執鋤逐之虎棄父噬錦弟幼不能援父子同時斃命畜多被害遠近咸有戒心

秋八月大水雷颱後饑年

十八年夏五月岳美街火十五夜由東岳廟下[illegible]坝起火延燒數十家

十九年冬十一月大雪二十六夜先雨後雪簷溜為冰黎明雪飛[illegible]大平地深數尺

二十一年冬邑北赤水街火

二十四年夏大饑斗米千錢官紳在[illegible]倡議開設局平糶民賴以安自是鮮見豐年饑饉交至米價漸昂靡平[illegible]

二十六年夏五月旱至七月始雨 鼠疫始生室內鼠先死疫旋作染人[illegible]一晝夜間甚有舉亡者此疫始于十六年廣東之雷瓊間傳染全國遍都大邑每年死以萬計原是由永寧傳入年年不絕先以夏至發後以冬至收症候名目反多其害惟鼠疫為[illegible]

二十八年大雪如飛絮頃間積尺[illegible]遍於[illegible] 秋七月旱晚苗禾盡[illegible]

二十九年夏四月塔岸街大火十四夜二更下街永春會館右畔第一間火起延燒左至會館斜向永春止前至[illegible]橋頭右至安平廟內計焚店屋百餘間右路石盡[illegible]

三十年春正月塔岸街又火元旦夜半頂街[illegible]巷與當右斜對面火起延燒上至與當火熄下至關帝頂水巷計焚店屋數十間

附記塔岸原分上下兩街夾[illegible]比水巷僅可三四尺故一遭回祿輒延燒十家當是夜下街火起勢燄未甚熾之時使人不自顧已[illegible]協力析屋以斷之延燒之禍當不至如上所云兩街所以牽[illegible]無甚者則猶當與立斷折一以至百耳顧亦年元旦夜路美巷至關帝頂一帶終不免祝融之災雖天意為之非人力之不可恃也先是下街火後頂街居民多移徙火因有移貨置於他處者年終不輸始各遷歸元旦晚飯後永[illegible]某做官曰是街恐不免於火矣如今夜再聞人[illegible]集候[illegible]當可[illegible][illegible][illegible]重嘲[illegible]者之[illegible][illegible]距料旋作遂火[illegible][illegible][illegible][illegible]所遭之[illegible][illegible]乎夜半火警發夫[illegible][illegible]以身免頃刻延燒又數十家乃驗災殺之來果有先兆倘[illegible]某亦不幸言中耳究之[illegible][illegible][illegible][illegible]逃半歸人事之未[illegible][illegible]於架店時加以研究多儲火器以防之加[illegible]永巷以隔之[illegible][illegible]水解以貯之預備水龍以攻之災起倉卒總以鎮定如法施救當不難登時撲[illegible]誠[illegible][illegible]時[illegible][illegible]多風力[illegible][illegible][illegible]於不可[illegible][illegible][illegible][illegible][illegible]則[illegible][illegible]計尤莫如[illegible]屋隔斷之一法如是則免[illegible][illegible]由[illegible][illegible]街之[illegible][illegible][illegible]又[illegible]玉石俱焚之[illegible][illegible]人[illegible]與[illegible]爭火之[illegible]害[illegible]始不可以思患預防[illegible]有心社會[illegible]察之

同年夏五月大水邑西雙陽山發蛟初七日黃昏大雨不止雙上峰雙陽山蛟洪暴發溪水驟漲城垣崩塌橋梁壘圯民畜田廬禾稼漂沒不可勝計

附記是夜大雨雙陽山等處平地水湧出數十處因之溪漲暴流湧入北城外學泮西門街城內上下市塔岸街店後各水深五六尺牽下溪水不加長故沿溪橋樑盡傾圯禾稼沒盡牲畜淹死不可勝數而附城一帶及上下流附溪各鄉男女溺斃者僅九十餘人民廬倒塌復數十處城垣崩頹者只數十丈且知縣某親詣急賑災情上告省憲撥款賑恤委員督發賑濟邑紳王光裘鄧玉鳳親赴災區分別散發民得稍安按邑比乾隆年不至如是康熙丙辰夏災之深也惟查各處室內水痕昭然者皆有識人及平視兩岸水勢高下不同當可異同西門街城內稽始之後繼以兵燹滿目蕭條十室九空慘狀至今未復耳

三十三年冬有年

三十四年邑東南堤鄉市火全街焚燬

宣統元年秋八月大風爲災初一日晨大雨傍午風雨交作發屋拔木瓦片飛騰如落葉僵仆之聲不絕至午夜方止

三年春正月地大震初三日晨全邑地震從徐起左右斜尺有咫搖搖不休人盡出戶立足不定食頃漸止間有倒塌自是每日皆有小動

論曰先民有言善言人者必有驗於天蓋和氣致祥乖氣致異往往然也堯水湯旱雊雉祥桑盛世所有豈皆嘉瑞而妖不勝德禳卻何神歟古稱子產當國鄭不復火平仲相齊彗爲退舍中牟螟不入境九江虎皆渡河則修德弭災又不僅廟堂宜然矣

（清）莊成修　（清）沈鍾、李疇纂

【乾隆】安溪縣志

清乾隆二十二年（1757）刻本

祥異 雜記附

石言於晉國鵲語於堯年此稗史所以雜憑齊諧謂之志怪也然前人記載豈盡荒唐故老傳聞寧無確據取而志之聊資談柄作祥異志

明嘉靖七年縣感化龍涓二里涂山中有松梢結物如白糖味甘香樵人取啗宿疢盡瘥按是年正月元日甘露降于長泰龍溪二縣巡撫南贛汪御史鋐取進獻世宗謂仁孝之徵世宗感悅薦之太廟長泰與安溪相邇則是年茲方多降甘露也

宋治平四年秋地震如雷

崇寧元年歲大旱各家井涸民汲水於二十里外多渴
死

乾道二年五月丙午大雨連四旬不止壞民居六十餘
間

淳熙十一年四月至八月不雨歲大荒

元至正二十七年二月癸未地震

至正十年十月乙酉侯山鳴一日

明天順二年歲大飢民林復舂出粟賑濟

成化二十一年自春至夏積雨連旬

二十二年春三月旱夏五六月大旱禾死歲荒民多流移是年九月丙寅地三震

弘治十三年三公峯崩聲如雷

十四年九月午山崩

十六年七月大水漂没民居

正德十一年午山崩

十二年八月地震聲如雷地生白毛如馬尾長尺餘

十四年地雨震

十五年三月二十五日地大震

嘉靖三十六年晝晦

萬歷二十八年地震

三十二年十一月地大震墻屋搖動山川崩裂

四十二年八月間淫雨不止水從地出平地數尺城垣崩壞冲塌民舍幾百餘間民溺死者幾百人登高山皆爲崩頹

四十七年五六二月大風雷雨長泰山裂數十丈水從地湧起有蛟騰去二穴爲深潭

崇禎四年十二月二十一日丑時地震聲如微雷

九年二月初二日申時地震　六月初八日至十七日

止淋雨大發蛟山　太月二十一日至七月二十三

日不雨二十四日乃雨

十七年春人家祖先神主安几上一跳動即几上自行

國朝順治十二年春雨赤水　復數雨絲

十三年正月大雪

十四年七月復雨絲數日

康熙二年四月朔黑光摩盪如連環狀自辰至午乃止

五月大水　七月又大水

三年六月廿六日暴風雨自辰至申大水驟漲廬舍傾壞無數田禾絕粒

三年十月初旬彗星躔翼宿長丈餘末西北指直抵翼宿歷十有三舍積月餘乃消

四年秋大旱　十月不雨至五年三月俱不雨

五年春大旱　七月雷大震

七年六月大水七月又大水二次

八年秋大旱

九年秋大旱　九月朔日雷風暴發雨雹如指大墜地

不破經刻而止

十年十月二十五日丙夜地震有聲六七次乃止

十二年三月十六日午地大震聲如微雷

五十七年八月初二日厲風淫雨崩壞民居甚多

五十九年正月大雨雪

六十年正月二十七八兩日積雪四山皆白三日方消

雍正元年正月初六日大雪平地積深尺餘山頭數日

不化

二年月日不詳大雨水漲至南關外觀音亭

三年七月二十日大水漂壞民房田地甚慘　八月十五日又大水

五年正月大雪　是年虎爲患入山採樵有被噬者

八年正月十五日未刻縣前火起燒至十二街復新街民舍店舖九十餘間火勢熾甚有請拆安溪縣牌焚之火乃熄

乾隆七年自春徂夏大旱穀種不入地

十六年正月大雪

十七年七月初七初八連日大雨洪水驟漲幾入西門

衝倒城外民房無數

【民國】金門縣志

左樹夒修　劉敬纂

抄本

祥異

康熙元年、大登海中有人面魚立水面、見人笑而没、越明年遷界。通志

雍正十一年、歐隴湖中忽浮一小渚、高四尺、濶丈餘、長十餘丈、形如鯉、四旁水深洞不可測。縣志

乾隆六年、荒、總兵林君陞籌畫接濟、軍民以甦。府縣志 君陞傳

十六年、官裡鄉產靈芝、
五十二年饑、五十三年疫、
六十年大饑、斗米千錢、民剝草木食海菜、
嘉慶十六年夏、夜有聲自東南來、地震、明日地生黑毛、長寸許、
類猪鬃、
二十三年、瑞芝產於後垵、
二十四年、夏四月、大雨雹、壞禾麥、總兵署大榕連數抱者絶根
而仆、瀕海魚艇扶去數十里、
二十五年大疫、饑、後浦王姓家有婦產一子、背亦有人形、旋死、
婦亦死、

道光元年春、蟲食薯豆根、秋疫、以上舊志

二年旱、大疫、縣丞蕭重投詩於城隍龍神、三日大雨、仍為詩謝

焉、剖匏存稿

三年疫、

七年春三月、大雨雹、發屋破窗、麥仆歉收、

十一年九月、秋濤壞堤田、

十二年夏、大饑、斗米八百錢、金門縣丞張秀景開倉平糶、八月

大潮、稻田及鹽埕多淹決、時幼孩多痘殤、

二十年大饑、

二十三年饑、

二十六年大疫、

二十九年大旱饑、縣丞李湘洲祈雨于中港渡頭、禳旱魃遂雨、

咸豐三年饑、斗米七百餘錢、

八年饑、大疫、

九年海水溢、

同治元年夏五月、地震、

三年饑、斗米八百錢、

七年旱、

八年旱、大饑、

九年大旱饑、民掘草根、煑乾葉為食、餓殍載道、鼓岡湖涸、十一

月漁人網得巨魚、重幾百斤、目閃閃有光、見人則淚潸潸下、紳士林章梗鳩貲買而放於海、至港中、迴身仰首者三乃逝、

十年冬十一月、雨雪三日、冰堅二寸許、長老皆以為未見也、或曰陰陽不和、酷厲之氣所召云、

十一年、疫、自七月至於十一月不雨、幼孩多痘殤、

九月、小逕產芝草、以上舊志

光緒二年、發生吐瀉症、其初染者多失救、後有善士施藥、服之輒見效、

七年、金門營兵往廈門會操、染疫死者頗多、

十八年十二月初旬、雨雪三日、為年少者所未曾見、

十九年八月初一晚、大風拔樹甚多、海濱貨船漁艇破者數十艘、

二十年、後浦頭後水頭沙尾等鄉、忽發生鼠疫、傳染甚速、死數百人、為金門前所未有、

二十一年、鼠疫傳染各鄉、後浦為最、

二十四年、饑、紳商採米平糶、以浯江書院及金山書院為平糶局、

宣統二年七月廿八夜、颶風大作、港中帆船破者頗多、

民國六年舊曆七月廿六晚大風為災、壞屋宇、拔榕樹、倒牌坊、斷石橋、港中貨船魚艇無一完全者、島民損失約數十萬元

七年舊曆正月初三午後、地大震、塝林鄉附近之路裂開寸許、有黃水流出、是年雜穀豐收、地瓜價賤、

八年八月二十五日、颶風海嘯為災、田畝多被水、

【光緒】漳州府志

（清）李維鈺原本
（清）沈定均續修
（清）吳聯薰增纂

清光緒三年（1877）芝山書院刻本

灾祥 附寇亂　乾隆志卷三十一後有新增

志星野於前必志災祥於後猶漢書有天文志又有五行志以爲之徵也古人事天如事親親之喜怒見於色天之喜怒形於象明於天人相感之際而修省之事起焉太史公曰爲治者必明於三五夫子作春秋於災祥大書特書此史家第一義也作災祥志

灾祥

○梁大同六年九龍晝戲西江

○唐開元十三年十一月朔漳浦梁山祥雲見絢爛亘百

里彌月而止○貞元六年大旱觀察使吳湊檄當州官吏詣梁山禱雨祥雲見大雨三日○天寶八載邑民鍾文定獲白鹿牝牡各一

○宋咸平二年十月山水泛濫壞民舍千餘區州民黃拏等十家溺死○大中祥符七年二月民邱顗于九龍溪獲一魚腹中有珠圍濶三寸七分旁有細珠七狀如七曜○治平四年秋地震裂長數十丈濶丈餘有狗自中出視其底皆林木蔚然○熙寧十年饑○崇寧元年旱○政和七年二月十二日甘露降于司理院雙柳上光燦射日味甘如飴三日未晞○紹興十四年靈芝三莖

產于郡學戟門之東楹○十八年漳浦崇照鹽場海岸連有巨魚其一高數丈割其肉數車不動反刳其目乃轉嘴震鬣旁船皆覆又其一爲漁人所獲長二丈餘重數千斤剖之有人橫腹中膚髮如生京房易傳曰海數見巨魚邪人進賢人踈○乾道六年漳浦旱○隆興二年大旱首種不入自春至于八月○淳熙四年州治灾守趙公綱建堂署有白鶴自半空而下翺翔飛舞移時乃去○郡學有槐三莖生于儀門上之壁莖各七葉蒼翠經月○十年九月乙丑大風雨水暴至州城半沒壞八百九十餘家○十一年四月不雨至于八月是年亡禾令守臣賑粟貸種

○嘉定九年五月大水漂田廬害稼○十六年秋大水壞田稼○紹定元年龍江書院仰高堂產瑞芝九莖色如截肪

○元至治三年九月水○泰定三年九月水○至正十四年漳浦大旱

○明宣德五年長泰林震宅前兩井鳴三日是年震狀元及第○正統十年十一月癸未地日夜連九震鳥獸之屬皆辟易飛走山崩石墜地裂水湧公私屋宇摧壓者多凡百餘日乃止龍巖長泰南靖其震皆同○天順五年五月戊午夜颶雨大作墜石拔木洪水汎溢漂人畜甚衆東

門內外譙樓皆圮漳浦縣漂人畜尤甚○七年七月疾風暴雨北溪洪水漲平地深五丈柳營江橋亭漂沒無遺○成化十年四月大鳥止郡庭榕樹上身色青灰翅黑嘴足淡紅頭舉高丈餘舒其翼盈二丈攫紫背白鷺而吞之後爲弩人射死按此乃知府張瓚時事通志作九年誤○七月戊午夜暴雨不止山崩洪潦奄至城垣幾沒人物漂蕩浮屍蔽江南門石橋二間圮軍民廬舍壞者不可勝計○丙申丁酉歲漳浦大饑○十二年大旱至八月中旬漳浦七都下坂社有物若雲片亂墜形類猴猿相接引長一二丈初活動少頃消滅○十八年秋八月甲寅夜火

燔雙門樓及公私廬舍數百區○二十一年春夏霪雨龍溪漳浦南靖三縣田廬禾稼多壞○二十二年九月長泰地震一日三次○宏治十五年龍溪縣十一都有泉自東埭山暴湧而出漂石流沙壅田數十畝○十六年秋八月長泰大水漂沒民居○十七年四月文山大楓樹上產異花一簇其狀如蘭其葉如桂有姝香凡四十日乃謝○九月西方有大星墜地其聲如雷園蔗燒枯○正德四年漳浦蝗入境食禾稼知縣胥文相爲文以祭害亦旋息○八年九年饑有司開倉賑濟○十四年秋八月平和地震詔安漸山上龍起聲如搥屋山塌

裂深廣丈餘○十五年二月二十五日長泰地大震有聲如雷○嘉靖四年歲大稔○七年龍溪漳浦平和甘露降松栢上如霜餳食之甘○梁山鳴凡三日乃止○八年長泰元夕張燈譙樓前自相蹂死者凡百有七人○漳浦三都生員鄭習妻一乳三子俱育○埁田有雄雞生一獸如猫兒狀○十月平和白虹見○九年漳浦饑其春麥熟山竹生實如米採之數百石饑民賴以供食○正月漳浦四都有海嶼三峯並列其日忽沒于海不見頃之三峯並爲一屹立騰空有樓臺巍煥之狀變態不常浮沉不一如是者凡三日識者以爲蜃氣見云

○十月彗見西方踰年始沒○十一年彗見東方冬盡乃沒○十一月平和雨雪尺餘自是年歲大熟○十二年冬十月星隕如雨○十四年平和夏旱○秋大水○十一月海澄八都火延燒千有餘家○十五年南靖大旱蝗起○十六年旱漳浦大饑○龍溪甘露降知府孫裕作甘露亭○十七年長泰上曷地方巨石無雷裂騰數十片○春三月平和地震○二十二年龍溪長泰地震自四月至六月震三次○夏四月長泰隕霜○秋平和清寧里龍見黑紅色飛入雲自北而東移時沒既而大雨二十三年龍溪平和大饑○長泰大旱○海澄九都火延燒數百家○漳浦自二

十三二十四二十五年俱大饑○二十四年正月十六日夜南山寺灾○夏六月長泰大雨雹大水漂廬禾稼傷○是年旱龍溪長泰南靖俱大饑平和有虎患○二十五年饑○秋七月龍溪長泰雨雹○二十六年人熱自是連歲俱熱○二十七年三月二白虹頭貫日中其長竟天○漳浦大水漂溺民居甚多○二十八年五月五日南河競渡城中男婦盡出粧採蓮船遊玩忽午後颶風大作船覆溺死者六十餘人○冬十月地震有聲如雷○三十三年郡城黑雨○海澄九都火延燒數百家○三十四年春二月府治灾○夏四月長泰縣有孳

虎出害人欽化地方尤甚三十六年亦如之○三十五
年春二月彗星見北方長丈餘凡三十餘日乃滅○三
十六年三月詔安雨雹大如雞卵破屋二時乃止四都
爲甚○三十七年三月梁山鳴漳浦海澄雨雹大如斧
碎屋傷畜無數○六月有黑雲降于郡西郊溝水皆沸
屋瓦亦飛其夜有大星隕○十月二十四日詔安紅水
隨潮上瀕海居民取蟳食者多死○三十八年六月十
六日夜海澄有星隕如雷自西北方起○十月漳浦有
星墜地大如斗自西及東其聲如雷○二月漳浦西郭
外唐將軍廟前榕樹產靈芝數本黃蓋金英獻于縣○

三十九年七月南靖大水夜至黃井村民有全家漂沒者○四十年龍溪南靖春夏旱穀貴○五月有星犯月○四十一年又旱○四十二年夏大水高三丈餘壞龍溪南靖民田千餘頃及南橋趾俱崩漂流民居百餘家○四十三年六月南靖縣北大帽山鳴三夜秋大水漳男婦五十餘口漂民廬二百餘區○是年長泰林前地方有三虎同日下山噬一家男婦七人○四十四年南靖永豐里雨雹大如鵞卵折樹碎瓦人畜俱傷○二月初六夜詔安東北城上鋒尖出火○四十五年三月十二日黑光摩盪自辰至巳○十月南靖縣後窟院前阡

坵等處池水滚起尺餘○詔安五都自七月不雨至于
來春二月井水皆竭○隆慶元年正月二十九日平和
地震○二年三月十七日海澄有黑雲挾龍自八都東
方起捲屋裂瓦火光倏忽燒燼苗蔬古塚棺柩亦有擊
移者至港口而滅○九月梁山鳴○十月漳浦五色雲
見○三年至四年連歲大熟米斗值錢二十文○四年
夏六月初六日龍溪漳浦長泰南靖平和五縣烈風暴
雨洪水漂沒民居不可勝數郡南橋壞○七月初十日
長泰良崗石高二山鳴五夜乃止○十二月十七夜南
靖星隕鳴如雷○萬曆元年六月二十四日夜月港橋

火燒店屋百有餘間橋板俱拆○六月旱○是年南靖程溪民歐氏生兒六手隨死○五年八月有星見于西南其狀如帚長數丈月小盡漸滅○六年十一月長泰雨雹○七年漳浦大饑修城藉饑民爲夫廩給之○九年五月二十四日有龍起于十一都盧州渡江至雲洞而止禾稼損傷而無風雨○十年五月漳浦大水高丈餘○十八年四月穀貴城內外饑民聚衆搶掠大戶數十餘家知府李載陽名兵緝捕逾三日乃定執倡亂者殪于省獄○是月初十日長泰雨雹大如鵞卵○六月二十一日大風自卯至辰吹折東門北門二樓拔木壞

屋不可勝數○是月南靖大水○二十年長泰大雨雹小者如卵大者如拳○二十一年四月初九日申時雷震府文廟及明倫堂○二十三年七月十九日二十日大風雨潦壞民廬舍漳浦銅山發屋拔木○二十五年春遍地生毛八月二十八日溪池自湧水溢數尺各縣俱同○二十六年正月十六日淨衆寺前火藥局井中藥自生火爆發震劈旁居男婦二十七人至有飛骸數里外者房屋碎壞百有餘所聲聞百里○三月海澄火○六月二十日平和縣東廂外陳孫家雷震適幼孩在轎中轎飛出屋外打碎孩跌地尚存○二十七年六月

海澄火○二十日平和大蘆溪洪水突出漂没田廬人畜無數○二十八年閏二月十二日詔安地震○八月二十三夜戌時地大震異常是日詔安尤甚壞城垣南澳城亦圮至數十丈二十四日酉時又大震○二十九年九月二十二日大水壞新橋○十月十一夜戌時地大震子時又震至五更有星變如雨○三十一年八月初五日未時颶風大作壞公廨城垣民房是日海溢堤岸驟起丈餘浸没漳浦長泰海澄龍溪民舍數千餘家人畜死者不可勝計有大番船漂衝入石美鎮城内壓壞民舍○十一月初九日地大震有聲連震二十餘日

至十二月初乃止○三十二年八月海澄三都地震○三十六年正月疫起至于五月○五月漳浦地大震地上生毛○自三月不雨至于六月人稠米貴○三十九年六月二十日慶雲見于郡城西北五色彌天移時乃散○四十年十月初二日詔安地震○四十一年二月漳浦東關外憲臺里井鳴數日聽之如水車之聲○五月二十六日大水龍溪漳浦南靖詔安民田廬舍漂損甚多城南新橋壞○四十二年六月長泰大水○八月初五日大風雨飛瓦拔木西南北三溪洪水漲田廬櫬極多漂入海○是年漳浦饑知縣區龍禎發糶賑粥○

四十三年四月米價驟湧村落絶糶海澄知縣陶鎔發賑饑民○四十五年六月大雨連日不止西北二溪水漲城垣不浸者僅尺許城外沿溪海澄等處民舍悉漂去溺死者不可勝數先數日有鳥一足狀如鷄跳舞於澄之吾養山蓋商羊也○四十六年七月長泰雨雹大如拳屋瓦盡碎大樹中斷如斧斫者數里○八月有白氣起于海上東方狀如腰刀至仲冬乃止○泰昌元年四月東方有氣長竟天○六月有日如並出者三尋滅○二年郡城南門外火延燒入城至龍亭庫前乃熄○四年郡城內外遍地生白毛南隅居民有母豬生子形

似小兒瞬息而死○是年漳浦大旱○六年夏大饑長泰米斗四百錢饑殍載道邑人戴焥發積粟平糶○八月大風飛沙拔木鳥雀多死○七年龍溪漳浦海澄南靖長泰大饑○六月海澄有大星從縣南飛向西而墜火光散亂數星隨之○崇正三年七月十五日龍溪南靖大雨如霔翌日洪水至漂流廬舍甚多○四年四月海滄降赤雨○五年三月十四日晨有二啓明並起相聯至十七日乃止○七年七邑大熟○六月郡城外南橋火○十月地震○八年五月初四日漳浦南溪競渡民擁觀于城樓迅雷突起震死者十有四人○九年六

月太白經天○八月詔安大風壞民屋○十一月大雨
雪積冰厚一尺牛羊草木多凍死○十二年四月廿三
日漳浦星隕化爲石銅山有石水中起行五十餘步○
八月十五日南靖龍溪大水○十月初一日又大水禾
稼登場悉被漂去○十三年正月朔日食○閏正月大
雷連陰至三月朔乃止○八月漳浦雨白豆于西宸嶺
鷄犬食之斃○是年郡城火大疫○十四年八月廿六
夜東橋下嘗火延燒二百餘家○是年冬詔安有芒星
數十擁一大星自東起墜於西有聲如雷○十五年七
月府前火八月十四夜月明如晝半空有聲如大鳥號

嗚視之無物。

國朝順治二年六月朔日食既白晝如夜。三年五月初三日太白晝見望後乃隱。是歲漳屬冬大熟。五年各縣大饑米價每斗銀六錢。六月雷燬郡城文昌閣。七年大饑。十二月二十六日寅卯二時各縣地大震。九年正月潮水突漲五尺鄭成功入海澄。是歲漳城被圍城內人相食斗米直銀五十兩圍解收顱骨得七十三萬疫大作死者無數。十年九月漳浦大水雲霄將軍大臣二山俱崩。十一年旱。冬大寒隕霜不殺蟲。十二年二月二日日有三暈狀如連環。十

三年正月漳浦大雪高二尺○十八年南靖有白燕雙
集文廟飛鳴數日○
康熙三年九月彗星見于長泰西方漳浦詔安大饑餓死
者相枕藉嬰兒皆棄于路○四年四月長泰饑時米貴
加以遷界諸縣餓莩僵屍相望于道○五年六年連歲
大熟自此米價平至二十餘年○七年五月有星見于
東方形如劍○六月十八日七邑同時大水官報田廬
淹沒災傷者察免是日南橋壞郡南水高與城齊○九
年六月龍溪大水○八月郡城北隅有婦人產子手如
豬蹄生背上○是年漳浦旱○十一年至十二年長泰

多虎踰垣入室八里內吞噬者千餘人○十三年三月開元寺大佛頭無故自落如刀斷○十四年三月彗星見○九月二十夜有大星如斗墜南方衆小星隨之○八月十五夜詔安颶風忽起大木盡拔民居屋瓦飛去○十五年十月彗星見光芒丈餘經旬不滅○十七年龍溪有白氣二道見北方十餘日乃滅是夏大水○十八年七月朔漳浦泮池龍起滿城光艷○十九年彗星屢見夜昏有白氣見東南○二十二年四月平和大雷雹平地倏積尺餘屋舍田禾多爲所傷○二十三年正月梁山鳴○二十四年六月水圯郡城南橋沿海一帶

水潦多壞○二十五年閏四月十二日夜大雷雨郡城震死者八人○雲霄有土圍二十餘家夜水驟至圍圮屋架連結不散漂至十餘里遇竹林共挽係之竟得救不損一人○二十六年雲霄陳五妻一乳三子俱育○是歲各縣大熟米值錢二十文○三十年十一月二十夜雷大震○三十三年六水郡城南橋一帶民居盡沒○三十五年四月梁山祥雲見○三十七年春夏米貴漳浦知縣陳汝咸請發倉平糶○四十年大旱各縣禾苗盡枯○平和琯溪龍起見黑雲上下相合中有物隱見蟠屈飛舞風雨大作頃之黑雲上騰溪前後十餘里

水盡涸人畜或飛墜他處惟禾稼不傷○四十一年又旱登高不見青草五月乃雨○四十二年七月廿七日龍溪有慶雲見于西方五色俱備移時乃散○四十三年詔安江畝坑村民黃平一產三男○四十四年詔安春夏大旱溪河井水盡乾民食草根木葉○六月平和驟雨傾盆近郭之山皆化爲灘漂去二十餘人○九月詔安大水暴漲山田多崩陷○四十六年六月漳浦大水壞縣城東角自南門以至雲霄等處廬舍漂沒不可勝計知縣陳汝咸分賑難民葺城是日雲霄鎮城崩至四十九丈○四十七年八月朔日食既○四十八年春

南靖有雙白燕飛繞學宮○夏大風貢院毀○四十九
年大旱民多饑死者
皇上欽差部院大臣發漕米三十萬從海運分賑漳泉福興
○五月海澄一帶海溢○閏七月初五夜漳浦海水暴
漲颶風大作漂沒民居一千八百五十餘間溺死男婦
四十一人布政司金培生知府魏荔彤知縣汪紳文各
捐金收䘏之○五十年七月十八夜地震各縣同九月
又震○十二月龍溪雨雹○五十二年四月廿七日各
縣大水南靖尤甚沿溪田園盡沒○十二月二十日郡
城外南橋火知府魏荔彤捐木植重修之○五十六年

四月二十七日龍溪大水田裏港岸崩（按港岸崩壞則南河從田裏港直下而詩浦港繞城之水不復環抱有關郡治形勝故特紀之）○五十七年四月詔安大雷雨江畝坑有四童被雷震死一童攝去數丈之外絲毫無損秋大風雨河水暴漲平和城壞西北隅百餘丈冬十月漳屬蟲食禾稼殆盡獨平和不爲災○五十八年夏平和麥秀兩岐是年長泰石銘里高層等處羣虎爲患噬百餘人○六十年夏海澄地生白毛○十二月詔安雨雹小者如米大者如豆○六十一年五月十五日雷震府學大成殿○

雍正元年夏詔安大雷雨有怪物在東南海中湧起黑雲

道所過瓦屋飛碎樹木拔壞東北城樓北門池水
盡涸池魚飛至員峰山頂是夜大雨如霆○二年南靖
浮山居民劉照家一産四男僅育其二○是年五月初
十夜長泰颶風大作早禾僅存空穗兩壞田廬無數○
八月初八日南靖大水淹過文廟半壁○三年六月廿
七日長泰大雨水淹過東南城墻視康熙五十七年更
高三尺沿溪廬舍盡衝決○八月復大雨平和南洋粗
溪大峯村落悉淹沒死者甚衆○四年漳屬大饑斗米
貴至三百錢民多採樹葉以充食○五月南靖大水城
垣衝決若千丈沿城馬道悉崩壞○五年漳屬大饑鹽

亦騰貴人有餓死者○六月長泰大水田禾盡漂沒○
是年八月南靖大水有颶風從東南角起明倫堂棟瓦
騰空直上數尺壓訓導張芳浦夫婦其下越二日水退
揭開視之安然無恙咸以爲異○七年二月長泰雨雪積
數尺畜多凍死○八年七月南靖大水中興社衝壞堤
岸百餘丈廬舍田疇沉沒以千計○九年八月南靖復
大水衝壞田廬無算城西北角崩頹五十餘丈淹壞倉
粟四千餘石○九年八月初四夜龍起龍溪壺嶼大風
拔木壞民居無數行人有被風挾過溪者晦暝中見火
光熒熒然○九年九月廿二夜地震○十年四月初四

日雨雹大如卵長泰尤甚○八月水○十二年正月十四夜長泰縣後山樟樹自焚良久火乃滅

乾隆元年正月二十六日雨雹秋九月星隕于長泰西南隅白氣如雲經天不散○二年龍溪龍江里人陳茂椿家盆荷一根開花紅黑色又有一花而紅白間者○是年長泰恭順里東溪池荷花俱並蒂○八月詔安有虎患○五年長泰十一月二十七夜有星墜東方光芒有角二十八夜東郭火延燒城樓及市廛百七十餘間僅存龍津橋天后宮一座○六年春旱米價騰貴○十一月南靖有白燕雙巢馬坪許氏家廟明年許本異登進

士第○七年旱正月至四月不雨歲大饑○九年正月初十日長泰石銘里溪中水噴巨石自裂聲如雷○十二年旱自八月至明年三月乃雨長泰尤旱田禾盡槁○是年五月海澄大巖山鳴○十三年春旱至秋七月乃雨○五月初三夜烈風迅雷長泰五里亭棟瓦皆傾石碑盡仆榕樹大可數十圍亦拔起○十四年四月初一日地震○是年大稔○十七年三月二十九日龍溪大雷雨同時震死者數人○七月大水田廬漂沒行船自相擊碎海澄沿海船盡漂沒浯嶼浮屍甚多○十八年海澄大疫人畜死者無數○是年漳浦大水○十九

年閏四月十八日風雨大作南靖平和尤甚海澄西南二溪水驟漲數丈淹沒廬舍四千八百五十餘間人畜損傷甚多○五月復大水龍溪民廬半漂沒漳屬七邑俱被災奉　文賑䘏○二十二年春大旱田無播種○二十三年復旱河渠皆涸詔安漸山出火光焰燭天逾時乃滅○二十八年七月二十日酉刻有大星從東而墜及天半分為數星隕如雨少頃有聲如雷是秋霜隕禾穗歲大饑○二十九年春正月平和大雪是歲稔○三十年夏旱○三十五年大水漳浦海澄尤甚潮水衝決沿海堤岸數十處詔安山邊村黑雲騰起溝水沸數

丈須臾淋雨驟至○平和田禾有一莖雙穗亦有三穗者邑人稱瑞○三十六年七月初一日長泰恭順里角人磜村地裂一家二十三人盡沒焉村在山腰先是十餘日村民隱隱聞地下聲僉惡其不祥朔旦具鷄黍祀神禳之傍晚而陷時有牽牛入室牛忽斷繩而奔男婦其逐之尚一孩坐室啼婦返抱出之一家俱免又一人提鷄黍向鄰村饋並免在鄰村遥望該處有圓光如毬從山峯墜俄聞崩陷聲反視之則一村盡沒十尋之樹沒不見其杪經府縣履勘約寬三十丈長三里許○二十八年春三月雨雹○六月早稻穗兩岐是歲稔○二

十九年正月元日申刻漳浦西北有聲如雷隆隆然[illegible]山谷是秋雲霄鎮起蛟九月旱風傷晚禾○四十年正月元旦漳浦天雨泥如鳥糞○四十一年五月廿一日大水郡城南門水驟湧一丈餘南橋衙圮南靖平和皆被災

寇亂 附

○唐高宗儀鳳中廣寇陳謙等連結諸蠻攻漳潮等處左郎將陳元光討平之○中宗景龍二年潮寇雷萬興苗自成之子集衆潛抵岳山刺史陳元光討之步兵後期爲賊將藍奉高所刃卒于綏安大峙原萬歷志載開元間與流寇陳謙

戰死今從浦志及陳氏家譜○元宗開元三年守漳州刺史陳珦率師襲破藍奉高賊峒斬之俘其餘黨珦元光子○僖宗光啓元年王緒攻陷汀漳二州

○宋高宗紹興十四年汀賊華齊寇漳州長泰安撫司遣兵捕賊爲所殺將佐趙成等起兵拒之○十五年四月遣後軍統制張淵討捕福建廣東盜賊平之○十八年流寇刼長泰邑人蔡君澤糾聚鄉兵保石高寨賊攻寨君澤率兵擊破之○孝宗淳熙十三年草寇楊勍等五百餘人突入長泰縣民居官舍秋毫無犯繼是有華齊寇聞諸朝命韓總管追捕俘以獻又有鹽商廖官沈剔

等寇俱降之○五年汀寇陷長泰焚燬民居殆盡○理宗淳祐四年鹽寇掠漳浦議築城不果○度宗咸淳二年有寇由鷓鴣刼洋山遂攻長泰城縣令陳春伯率兵三百餘人夜擣賊營磔其首餘衆潰散○恭宗德祐二年八月漳州亂以陳文龍爲閩廣宣撫使討之尋以黄恮爲同提刑招捕使兼知漳州以文龍知興化軍

○元太祖至元十七年八月劇賊陳吊眼陳桂龍陷漳州殺招討傅全萬戶府知事闞文興死之妻王氏赴火死旣而唆都來討吊眼出走陳桂龍逃入畲洞○十八年十一月獲陳吊眼誅之餘悉收兵仗繫送京師○十九

年征蠻完者都平陳吊眼賊巢陳桂龍及吊眼父文桂納欵命護送京師餘黨吳滿張飛拒敵誅之○二十年流桂龍於憨答沐之地○癸丑志至元十七年陳桂龍據漳州後至元十八年勅誅汀漳首惡陳吊眼十九年完者都平吊眼巢二十年流桂龍於憨答沐按元史順帝至元六年改至正則後至元無十八十九二十年也謁文安雙節廟記至元十七年八月望劇賊陳吊眼率衆爲亂殺招討傅全知事闞文興戰死則吊眼爲前至元無疑癸丑志誅吊眼流桂龍並繫於後至元謬矣今悉討正首吊眼誅元惡也○二十一年二月漳州盜起

命浙行省調兵進討○二十五年循州賊萬餘人寇漳浦泉州賊二千寇長泰贛畬賊千餘人寇龍溪皆討平之○三十六年畬賊邱大老集衆千人寇長泰福州路達魯花赤脫歡同漳州路總管高傑討平之○十月廣東賊江羅等寇漳州○順帝至元四年南勝賊李志甫作亂○六年義士陳君用起兵襲殺李志甫三月敕劉虎仔以下挾從之罪褒贈軍將死事者○至正五年賊萬貴與嘉禾千戶何迪立寇漳圍長泰天成寨邑人蔡淳攻破之○十四年汀州賊寇長泰○十七年四月汀漳叛賊廖得勝伏誅○十九年南勝畬寇李國祥合潮

賊王猛虎陷南詔新翼萬戶羅良率兵討敗之復南詔○二十一年西林賊陳世民入寇漳浦總管羅良攻之世民奔潮良追之其黨殺世民以降○二十五年三月泉州賊二千人寇長泰縣尹蔡淳討平之既而循州賊萬餘寇漳浦○二十六年陳有定陷漳州總管羅良死之○二十七年山寇蔡子貴竊發于長泰邑人築寨石岡山以避之

○明正統十一年饒賊千餘人流刼入漳四月焚月港義士陳孔叶率衆拒之殲其魁賊悉遁○十四年沙尤寇鄧茂七倡亂其黨楊福率衆數萬攻陷漳浦南靖長泰

圍漳城漳州衛指揮顧斌大破之保定伯梁瑤都督范雄擒殺漳民應賊者既而賊圍南詔八閱月耆民涂詹許尚端等嬰城固守却之茂七沙縣之與[illegible]也與弟茂八以左道惑衆愚民從者數萬僞稱羅平王尋逼漳境漳民張福榮會欽重陳皓蔡孟貞等應之遂陷諸縣○弘治四年漳平賊溫文進陷長泰副使司馬垔督兵討平之○十七年十月有賊百餘人詐稱公使入南詔城殺傷甚衆擄七十人以去○正德元年廣東賊冦漳州始至不滿九十人後依附日衆自南靖流刼長泰安溪永春長泰被害尤甚○二年山冦朱廷瑛流刼漳浦雲霄等處○八年蘆溪賊反南贛汀漳巡撫王守仁合二省兵討平之

指揮覃桓漳浦縣丞紀鏞戰死先是汀漳山寇憑險爲亂守仁至先行十家甲法講鄉約以訓勅其父老子弟賊聞而易之左右及麾下多爲賊耳目守仁得老隸最黠者一人置密室脅之隸逼盡吐情實守仁貰其罪每事示以不可測或擇吉出師輙止或將發不果蓋以多方誤之也未幾破賊於長富村追至象湖會閩廣兵至且合賊逼潰圍出指揮覃桓縣丞紀鏞戰死諸將懼請俟狼兵守仁怒曰小醜何損且兵豈不足耶乃進屯上杭既至日犒師諭以俟秋再舉諜賊懈分兵三路同夕銜枚疾走中軍奪象湖之險方大戰奇兵乘間發遂大破之斬大酋詹師富等守仁復奏巡撫權輕不足控壓乞假便宜行事兵部尚書王瓊贊之于是守仁益展村用立兵符申約束且爲文撫諸賊詞旨悱惻懇至賊酋黃金巢盧珂鄭志高等相率皈命已遂遣兵破橫水賊擒其大酋謝志珊使使諭降賊方狐疑未決乘其懈襲擊復破之擒大酋藍天鳳等時浰頭賊尚強其酋池大鬢尤桀黠故與降賊盧珂鄭志高讐守仁使使諭降大鬢以二人爲辭守仁乃佯責珂等下之獄復諭使來見大鬢語其腹心曰欲得伸必先屈贛州伎倆我亦欲先勘之遂以其銳勇九十

二人褁甲來守仁爲慰諭宴犒使更新衣習禮供報其設大鬟等魚貫入僇之庭無一脫者出珂等使爲嚮導夜半破剎頭石門覆其巢擒斬無算餘奔九連山守仁以九連山深險不易攻使精卒七百衣賊衣佯若奔潰若從崖上招呼與相應久而賊覺則師已度險狼狽失恭大軍壓之皆就縛守仁既已盡得賊地乃相險要增設平和縣治○嘉靖二年廣東汀漳賊流劫漳泉兩郡合兵戰于安溪霞村漳州通判施福泉州衛經歷葛彥俱爲所獲以金贖回長泰知縣歐典與賊新大總戰於旌孝里長埔坂殺其家兵四人○三年十月廣東汀漳賊復寇泉之永春御史簡霄檄按察司僉事聶珙督同南安知縣顏容端德化知縣梅春安溪知縣龔穎永春知縣柴紳同安與定周惟會龍溪知縣黎良等合兵追賊至

德化大破之○七年北溪妖賊黃日金倡亂知府陸金乘其未發計擒滅之○十二年山寇蹂躪漳泉之交海澄沙坂人周王質率民兵與戰敗之乘勝深入力戰死○二十五年詔安白葉洞賊康斗玉劉文養反寇閩廣二省南贛軍門檄平和知縣謝明德率典史黃瑜詔安典史陸鉄以象湖小篆鄉兵討平之○二十六年佛郎機番船泊浯嶼巡海道柯喬知府盧璧龍溪知縣林松發兵攻船不克時漳泉月港賈人輒往貿易官軍還通販愈甚總督閩浙都御史朱紈厲禁獲通販者九十餘人行柯喬及都司盧鏜就地斬之番船乃去喬鏜尋被論皆擬重典郎中陸穩奏釋之盧璧以改調去○二十八年有倭寇駕舡揚航直抵月港安邊館

十[illegible]孔志授檄往援乘巨艦直當其衝中炮死倭亦[illegible]遁漳有倭患自此始○二十九年贛州洞寇李文彪等作亂漳州府通判謝承志率兵禦之中途爲其所獲既而得釋○三十四年二月初五日夜監犯吳天祿反焚府堂經歷照磨檢校官房六房科卷宗悉燬天祿斬東門出既而獲于廣東大埔斬之○九月長泰縣訛言兵至男女驚竄一城爲空○三十五年十月倭寇自漳浦六都登岸屯住後江頭土城流刼詔安焚掠無數○三十六年六月海寇許老謝策等突至月港登岸焚燒千有餘家殺擄無數○十二月倭船泊浯嶼尋出潮州潛海界

登岸襲陷黃岡土城刼掠詔安○三十七年三月倭寇自潮州突至詔安刼三都徑尾○五月刼五都東坑口土樓遂寇漳浦盤陀長橋○是月賊船有由滄泉奄至月港者焚九都室廬殆盡奪舟出海○十月突至銅山攻水寨上至漳浦六都埔尾土圍下至詔安城外惟東坑畓一帶焚刼尤慘百戶鄧惟忠督兵遇于深田擒倭四人斬二人旣而海寇謝老洪老（即洪迪珍）等誘倭二千餘人再泊浯嶼○三十八年正月倭寇由島尾渡浮宮直抵月港奪舡散刼八九都珠浦及官嶼等處復歸浯嶼○二月有倭寇數千自潮州掠詔安雲霄漳浦○三月

由東厝嶺抵月港八九都轉石碼福滸東洲水頭奪舟流刼隨至長泰善化里○四月薄縣城知縣蕭廷宣率衆禦却之○八月由龍溪天寶市入南靖九月屯永豐竹員所過各縣焚刼殺掠不計旣而至平和清寧里知縣王之澤率兵禦之○三十九年正月倭寇由同安屯三都二月渡江流刼方田漳浦佛潭橋峯山溪南等處○三月突入長泰高安四月五月屯月港○五月饒賊張璉僭稱僞號衆二千餘襲陷雲霄城中爲墟○六月詔安三都溪東民鍾宗桓等爲亂知縣龔有成撲滅之○九月饒賊陷詔安二都赤嶺寨○十一月饒賊蕭

雪峰犯南靖縣知縣殷伯固率兵與戰遁去時各處共被倭饒殺掠草寇乘風竊發郡無寧土〇四十年正月月港二十四將反巡海道邵楩遣同知鄧士元縣丞金璧往撫之先是丁巳間九都張維等二十四人共造一大船接倭官莫能禁戊午冬巡海道邵楩發兵勦捕次于許坑維等率眾拒敵官兵被殺由是益橫各據土堡為巢張維據九都城吳川據八都草坂城黃隆據港口城旬月之間附近效尤各立營壘九都有草尾城笙頭寨八都有謝倉城六七都有槐浦九寨四五都有方田溪頭浮宮霞郭四寨互相犄角各有頭目號二十八宿三十六猛官府為倭饒亂故屢招之竟不服是年春再議發兵撲滅榜示遠近諸寨轉相要結乘[illegible]舸入鎮門以拒兵衛進薄東山水頭等處攻破虎渡城殺掠尤慘又攻田尾合浦漸山害甚于倭南溪撫[illegible][illegible]用以賊攻賊之計遣金幣招致洪迪珍倭眾由陸路經詔安漳浦取道漸山進擊八九都戰于草坂城外倭敗走死者無數郡城戒嚴復令海防同知鄧士元龍溪縣

丞金璧往撫之諸反側宿安至四十三年張經等作亂巡海道周賢宣檄同知鄧士元擒斬軍門斬之自是設縣之議起矣○二月饒寇突至詔安縣北門總兵俞大猷督師勦捕副千戶許瀚陣斬其偽將詹總兵等賊鋒披靡瀚論功陞銅山寨欽依把總○是月倭寇屯詔安溪東三都土橋等處知縣龔有成名民兵與戰被殺六十餘人自三月至五月住東關外分夥焚劫十月屯下尾圍後溪寨有成發兵助其死守二十日乃解○是月倭寇流劫長泰人和石銘等里至五月乃去焚殺不計○五月南靖土賊流劫漳浦攝縣事同知鄧士元平之○是月倭入漳浦與頭張璉陷懷嶼○閏五月十二日夜饒

賊襲陷鎮海衛城殺掠官軍男婦無數衛東門外有石其形如狗舊有讖云東門開石狗吠金鷄啼賊又來故常閉東門不開另有一水門是年賊從水門入其日辛酉辛爲金酉爲鷄也○六月海寇同橫洋賊逼長泰城勇士林周夫等突入賊營砍其旗城中居民乘之賊衆奔潰○是月二十日夜南靖有奸民王叔統等潛引饒賊攻城知縣段伯固康其狀先擒之賊知有備宵遁伯固尋改調去○八月二十三日夜饒賊張璉襲陷南靖縣執攝縣事龍溪縣丞金璧尋釋之○是年龍溪二十三四都并海滄石美烏礁等處土民俱反○四十一年正月東莞兵謀襲漳城時寇亂相繼有東莞叛兵客誘饒賊陷漳投參將湯緡麾下因牙兵重賂于楊名之入城夜開城中

裲門嚴禁民間來往將爲內應謀漸露一[illegible]
生會廷龍諳寺館諸兵執而鞭之府學生[illegible]生
白其事于廵海道部㮣謂此曹反形已具不[illegible]
夕仍與縉紳約保率同甲踐更守陴燈光如晝饒賊知
有備不敢薄城越數日清明漳俗男婦登壟祭掃道○
經南郊東莞兵掠婦奪簪鄉兵格殺之餘各散去
是月饒賊至漳城外廵海道部㮣調月港兵與戰不利
賊屯東山流刦至北溪武舉林以靖督鄉兵禦於沙州
力戰死○二月張璉合倭掠漳浦知縣龍雨築敵樓固
守賊發城外塜掘骸勒贖焚掠無算○三月初三日饒
賊復入南靖縣城散刦村堡有生員陳一德駡賊不屈
死來幾張璉遁回賊巢總兵俞大猷遣千總游瑞清副
千戶許瀚計擒之○六月海賊許朝光犯懸鍾陸鰲陸

鰲所鎮撫楊勳禦卻之○十月倭寇圍詔安縣知縣龔有成禦卻之○廿二日海賊吳平引倭寇襲陷懸鍾所千戶周華死之○是年冬饒寇陳紹祿犯平和○四十二年海寇許朝光自銅山登岸攻詔安番安堡殺擄六百餘人○四十三年二月參將戚繼光大破倭寇于蔡陂賊自仙遊流入漳浦湯坑衆數千人預設伏于蔡陂繼光至猝然蠢起兵爲小卻繼光立斬退縮者數人身自督戰賊大潰斬首三百餘級官兵戰死八十餘人立忠勇祠祀之繼光紀律嚴明每出人莫測或解甲犒師方與所在當道歡飲忽從間道急趨賊驚以爲神或圍孤城巫父老扶攜登望女墻冀援兵旦暮且至見遠烟數點隱隱似旌旗狀忽炮響則賊已狼戾死散官兵業抵近郊大破之矣平倭平寇繼光之功與漳終始時人爲語曰俞龍戚虎殺土俞蓋指大猷也○既而劫詔安點燈山白葉洞

[illegible]鄭繼忠擒其首咕吱咾咤咾等有掠東西流者知縣梁士楚遣家兵與千戶張鳳雞擒斬之○五月吳平假以招撫爲名入據詔安梅嶺堡○四十四年春吳平入詔安梅州土城破後港六月圍詔安縣燬木柵知縣梁士楚禦却之巡撫汪道昆命戚繼光刻日進討賊縛其梟黨陳緍鄉獻于師諸軍夜從間道夾擊大破之賊遁入南澳繼光追擊俘斬萬五千人平潛逸去舟師追至交趾洋而還○四月撫按會南贛兵檄巡海道周賢宣督同知鄧士元參將王如龍勦龍頭寨賊首曾東田馬元湘等滅之攻其寨曰殺狐嶺○四十五年五月賊

首林道乾自走馬溪登岸散刼詔安十月總兵戚繼光督閩廣兵勦滅之○隆慶二年賊首曾一本自泊浦灣登岸流刼詔安等縣九月南灣副總兵張元勲由陸路截殺于鹽埕又大敗之于大牙灣前後斬首六百餘級道乾一本皆吳平餘黨○三年五月曾一本合倭寇泊舡于雲蓋寺柘林等灣賊勢甚盛六月閩廣軍門會兵勦滅之邊境始安倭禍自嘉靖二十八年起至隆慶三年止凡二十餘年○五年六月廣賊楊老等泊南灣月餘謀犯閩地僉事梁士楚督海防同知羅洪辰率兵追捕之○萬歷十一年四月奸民吳雙引等謀襲漳城會久雨城東南隅圮數丈賊以爲天助乃積芻府前涂嵩家約舉火爲號其

黨痞國佐等裝器械南河舟中候城中火起緣頹垣入有黃疆者素德于謝氏私語其故謝固要疆首于指揮甘霖霖客遣廝養士伺涂嵩家前後環守亟詣署府推官丁此呂督捕同知沈鉉告變搜獲雙引等八人指揮督兵登陴嚴閉諸栅國佐等見城上不舉火知事泄各逸去次日悉捕獲之并其僭書僞號名冊巡海道徐秋鶚分別首從斃之獄餘黨日布訛言城中惶懼者兩月秋鶚廉首孽寘諸法訛言始息　○十九年七月奸民董公蔡楊中謀襲長泰縣先是公楊中等修齋聚徒滑喜異志至是謀乘夜襲城鄰人蔡炳密偵之白其事于知縣李學詩捕楊中等一鞠盡服適延平推官羅心堯以行部至泰再訊具得其實邑同謀者滿紙心堯密諭邑令捕其素無賴數人與楊中等俱解府郡守李載陽笑以爲時當承平何物猩狸敢窺我金湯百二乎反形未具宜釋之學詩泣爭乃返諸賊繫之獄賊益肆無忌與餘黨孚集亡命連結客兵爲外應二十年約以三月朔日夜舉事謀聽爲二月之晦是夜諸賊戕獄卒突入縣衙時學詩家屬先一日歸獨二蒼頭及醫者以身翼蔽學詩猶被數刃蒼頭醫者俱傷賊以爲令斃出攻居民縱火

至城傷戍卒喊聲震地應者以非期不至賊斬北關出日午為鄉兵所擒當賊起時大司馬戴曜憂居聞變立起負劍入縣爵令及符篆所在戒居民無輕動第具器械謹守捍門以防衞突邑人從之及賊走令捕官督兵尾其後而遣人持酒食犒客兵使不得渡河故不移時而諸賊就戮〇二十五年海賊無

崙老寇漳浦古雷把總張萬紀殲之〇三十年呂宋殺

中國人在其國者二萬五千海澄人尤多〇三十二年

海賊周四老作亂詔安知縣黎天祚擒其二魁斬于城

上賊遁去〇三十四年漳浦庠生趙秉鑑謀襲縣知縣

黃應舉捕擒之〇四十六年海賊袁八老劫詔安沿海

村落旣而就撫〇天啓二年紅毛據澎湖由鷺門逼圭

與海澄知縣劉斯琜守計甚備賊退中丞南居益誓師

海澄直抵澎湖與戰悉遁去○四年詔安烏山賊麥有章沈金目冠縣城百戶易彌光率兵討平之（官軍密詢附山居民爲嚮導偵賊糧盡復出設伏扼其歸路彌光冒險深入鄉勇翼以長戟勁弩遂蕩其巢）○六年春海寇鄭芝龍自龍井登岸襲漳浦舊鎮殺守將遂泊金門廈門樹旗招兵旬月之間從者數千所在勒富民助餉謂之報水○四月芝龍遣賊將曾五老泊海澄港五月遣賊將楊大孫大掠海澄蘆坑十二月自溪尾登岸把總蔡以藩力戰死哨官蔡春單騎先突其陣諸軍繼之賊退既而冠九都圍學宮城學博李華盛烏紗奉先師神牌登城總之時海澄郡落無幸免者○崇正元

年鄭芝龍由厦門抵銅山三月攻杜潯堡鄉紳邱懋煒率衆拒卻之末幾芝龍與李魁奇俱就撫芝龍授遊擊尋遷副總兵盤踞海濵上至台温吳淞下至潮廣近海州郡皆報水如故同時有薦香白毛並橫海上後俱爲芝龍所併○五月海賊周三老由卸石灣直抵懸鐘城堅守不下遂流劫內港象頭等處所過村落屠戮無遺○是年海寇楊六楊七等百餘艘散劫懸鐘勝澚卸石灣等處焚兵船民舍殺戮不計○二年六月撫寇李魁奇復叛寇海澄知縣余應桂遣兵擊敗之時賊犯青浦應桂遣把總吳兆燫張天威哨官蔡春迎擊擒賊首二人旋寇高港從中港犯龍溪許茂兆燫天威往援斬首十三級擒五人八月犯龍溪福滸石碼兆燫春獲其戰艦一哨官賈希戰死鄉壯張字移炮碎賊艦于海澄港哨官葉景惠與天威擒其渠魁黃傑于中港總兵趙賡飽賊貨出

傑于獄賊鼓棹沿普賢溪尾茱港三路並入舳艫相望炮營中軍呂文廷把總袁德擊之兵數合蔡春傷足德亦被傷衝鋒許界壯士張明俱戰死天威揮戈奮擊吼聲如雷兆濂與其弟兆濂翼袁德裹瘡縱兵大戰所向披靡賊遁出港腰城及炮營擊碎賊艘無數是役也死傷相半然賊自是不振○九月賊復寇青浦壯士林瀚率衆禦之擒其魁轉寇漳浦白沙張天威與吳兆濂往援夜行楞腹數十里猝遇賊天威力戰死既而賊焚刦溪東西吳兆濂禦之斬首十四級焚賊艘器械甚夥○五年四月海寇劉香寇海澄乘夜抵浮宮知縣梁兆陽遣把總吳兆濂袁德合兵大破之賊樓艚巍若雉堞我兵皆小艇賊矢石交下莫能仰視自夜至辰力戰未決親率林行奮勇先登斬其魁賊交刃之鳥翔而下墜小舟袁德再登衆從之斬級四十有三生擒二十五人溺死無數○六年七月紅毛

入料羅窺海澄境知縣梁兆陽率兵夜渡浯嶼襲破之焚其舟三獲舟九既而巡撫鄒維璉督兵再戰再捷賊遂遁。是年劉香沿刦詔安諸村落十月由卸石灣登岸沿江焚殺直至懸鐘北城下。七年有紅毛番船泊銅山及詔安五都地方焚刦甚慘官兵縱火焚舟悉斬其酋無一人還者。八年遊擊鄭芝龍合灣兵攻劉香于田尾遠洋平之香漳浦人自辛未以來頻年衝突上犯長樂下襲海豐銅山古雷浯嶼之間出沒不常至是勢蹙自刎而死。十二年十一月山寇李推李隨謀襲漳浦署縣推官彭瑄捕擒之。十五年正月平和小溪賊梁良率賊乘夜抵郡城南門是日巡按將閱操漳州衛百戶徐廷案督兵戰于南橋賊敗走沿途搶掠而去。十六年四月漳浦山賊陳鸞邱緒等寇掠東山與余五番著八相繼出沒後俱爲鄭芝龍招撫。是年詔安山寇余五娚犯四都知縣所官督兵迎戰被獲武生沈致一林惺南許和公俱戰死黎明縣衆合諸村精銳徑搗文家寨賊營奪知縣所官以歸。是冬賊崔馬武逼詔安城劄營西沈守陴者夜擒踰堞奸細梟之以示賊解去。

國朝順治元年（自元年至三年江南福王稱建唐王相繼自立漳尚未歸順）。十月山寇徐遮陷雲霄遂攻漳浦縣（時邑中乏令漳南道陳起龍自郡移駐登陴守禦自）

分必死裹衣皆用印符血戰累日賊死無數城賴以全檄長泰知縣郁文初來署縣事而自回漳既而鄭芝龍撤其餘衆請降赳龍堅執不可解所裹衣示之悉斬於南教場是年賊葉積掠詔安吉林西潭等處聞官兵急追遁入廣○二年七月北溪賊林按順謀襲漳城先是守道陳起龍多善政及卒民肖像祀之南橋歸里前三日柩哭聲不絕如磨遠近皆聞糾行軍民傾城祖送至赤嶺卒三折衆異之百户徐廷棨跪請柩前曰老大人去漳變見神異得非城中有急變乎連擲六筊皆聖急回郡遣卒伺緝城內外動靜忽元妙觀前見數十人各頭插茉莉花一枝耳卜者曰聽說時已至何未動卒急報官閉諸城門捕獲訊之乃知賊謀王舍為內應也舍故宦家子通判嚴御風託往拜即其家擒之百姓立斃王舍陳尸於市賊知事泄遁去○八月饒寇逼詔安土寇應之官兵禦賊於章朗埔即漳潮司舊址殲之○

三年　大師入漳○是年四月賊夜襲破詔安縣殺府

王所署官有陳習山胡仲慥者各帶丁壯赴援賊墜城遁○秋九月我兵由漳平北溪入漳城諸縣各以次歸附○是月鄭芝龍降子成功遁入南澳成功芝龍微時娶日本倭女所生芝龍既貴倭歸之尋歸其母唐王據閩芝龍封侯加太師既而密謀歸款我師至泉成功母死于兵自以向受唐王恩厚出入宮中賜國姓且母死非命故終無降意芝龍既降成功逸去與所善陳輝張進等收芝龍散卒于南澳尋泊鼓浪嶼附者日衆卒為沿海大患○鄭彩鄭聯據廈門沿海銅山古雷游澳等處悉爲冦穴○四年二月漳浦佛潭橋民秦庠生楊學皋爲帥陷漳浦知縣許國楠投井死越五日郡遊擊唐欽明都司郭秉誠往平之○是月鄭成功鄭彩冦海澄賊將王來破九都學城叅將田爵禦之

焚橋而守知縣吳治臣自漳回賊要殺之漏仔洲副將王進自郡赴援夜開西門架棧飛渡縋入學城賊皆熟睡盡殲之既而擊賊于南門附殺其前鋒將洪致賊阻閘水多溺死成功遁去○十二月漳浦土賊黃春名僧道贊寇縣城遊擊唐欽明擊走之又敗之于楓林土坑龍洞寨未幾寇西嶼與白沙爲大灣鄉兵所殺○五年春詔安大饑借名起義者殺防將馬守惠正月陷詔安二月賊首江警庸黃朝陽圍南陂堡民林朝翊率族人固守賊解圍去○三月許祚昌圍漳浦遊擊唐欽明禦之援兵至乃退（祚昌浦人明太僕卿）○四月沈起津圍漳浦遊擊唐

欽明與之尋遁去還據詔安（迎津詔安人明池州推官）○六月雲霄鎮守總兵王之綱爲潮寇所逼退歸漳浦盤陀嶺以南恐爲寇有○是月平和防將曾慶孳引廣寇僞鎮明永寧王據二邑以叛○十一月漳浦土寇盧若騰邱建會合平和賊萬禮等寇縣城參將陸大勳出戰被殺總兵楊佐參將魏標守將馮應第再戰擒建會殺之○十二月總督李率泰入平和戮曾慶及謀叛者十三人○六年七月漳浦佛潭橋寇據新亭總兵楊左攻之不克○十一月鄭成功陷雲霄守將張國柱死之士卒死者無數進攻漳浦守備王起俸密約爲內應謀洩走降賊賊

退遁盤陀總兵王邦俊追破之遂復雲霄（起偉西人既降賊始教之騎射成功甚任之）○七年三月總兵王邦俊平詔安二都山賊
五月師還漳浦護楊學皐大破之學皐降○八月鄭成
功殺鄭聯於厦門并其軍○八年二月提督馬得功破
厦門四月鄭成功還據之○六月鄭成功入浮宮港掠
峩山總兵王邦俊兵敗于方田賊薄海澄縣三日始去
○十一月陷雲霄莆美叅將包泰與死之遂陷詔安平
和二縣○十二月襲漳浦賊舊將陳堯策潛爲內應囚
駐防副將楊世德知縣范進㸌掠四郊僞叅軍潘庚鍾
城中沿門索餉酷刑拷勒浦人比之前明倭尤兩寇爲

烈云○是月海澄守將赫文興質其子于成功結爲內應○九年正月鄭成功大舉入漳至海澄赫文興開城納之知縣甘體垣不屈沉于海遣將分狗各縣以上中下爲餉額酷拷富戶○是月賊將甘煇分兵攻長泰知縣傅永吉嬰城固守死之先是崇禎末知縣鄒文初製佛郎機百子銃炮藥彈備禦器械甚夥永吉悉發以擊賊賊死傷殆半乃復益兵運大炮攻城城幾陷會副將王進與建寧王總兵高副將來援搗其背賊稍散我兵入城合圍如故發炮擊城二十餘丈進永吉親當其鋒且戰且築永吉中炮死三月六日昧爽賊發地炮城垣磚石皆飛忽西風大作磚石飛起者反吹擊賊賊死無數城中官兵乘之會總督陳錦援兵至同安賊遂撤營宵遁凡四十九日圍始解○三月總督陳錦兵敗于江東賊遂圍漳州四郊居民入城各依所親城門堅閉陳錦

之敗也其奴庫成棟刺之以降成功成功斬之○五月浙鎮馬逢知來援入漳城舊名進寶時號金衢馬賊議築鎮門截溪流灌城堤不得合旋罷城中被圍日久斗米直五十金食人炊骨死者七十餘萬人○九月固山金礪援兵至泉鄭成功解圍屯古縣地名在城縣南十里○十月朔日固山金礪大破鄭成功于古縣是日西北風大作賊發火箭火炮皆反風自焚滿漢兵乘烟衝突賊大潰陣斬黃山陳偉廖敬郭廷洪承寵皆巨魁也成功遁入海澄毀學城時諸村落逃散復歸者室家俱破繼以瘟疫城內外幾無炊烟○是月副總兵王進復漳浦賊黨在平和詔安者皆遁去○十年五月固山金礪攻海澄塡濠深入賊發地炮士卒多死退還漳州鄭成功增築海澄城安大小炮三十餘

號積糧草儲軍器以爲持久之計○十一年正月有海寇之議鄭成功遣其黨散各邑沿鄉派餉凡數月漳及興泉皆罹其害○十二月鄭成功入漳州先是千總劉國軒魏標潛通成功十二月初一夜賊將甘煇洪旭等直至南門國軒開城納之總鎮張世耀知府房星葉俱降裁次功繼至各屬縣多迎降因籍城中及各縣富戶北餉然成功用法素嚴市肆不擾兵卒無敢搶掠者故城內稍安○十二年春世子王率大兵入閩成功度勢不支六月墮漳州及漳浦南靖長泰平和詔安各縣城時郡城民屋無論大小俱拆毀浮木石於廈門所存者惟神廟寺觀而已○是年春賊將黃萬陷詔安溪南堡殺掠如洗○十二月總兵楊捷入漳諸縣皆以次恢復漳浦賊黨遁去獅頭城捷勦之民被其禍者

甚慘○十三年六月黃梧蘇明以海澄降（梧平和人與明俱鄭成功部將梧與蘇茂陷揭陽爲廣東平南王所敗成功斬茂明茂弟也懼不自保乃俱內附）賊將甘輝等率衆至則我師已先入矣輝焚中權關取倉庾以去城中蓄積皆爲我有黃梧進爵海澄公駐劄漳州蘇明授哆李殘昂邦內大臣召入京師成功既失險要又喪軍實乃決計寇江南而漳民稍息○十五年正月賊將萬禮破詔安菁山磁竈等二十六寨堡赴援者未至皆爲所破○三月山賊掠平和琯溪署縣事陳堯先遇諸塗爲賊所害○十六年鄭成功寇江南兵敗甘輝萬禮等俱被擒精銳喪盡成功逃歸屯據廈門抽沿海居民

為寇○四月我師勦海澄小東山○是年詔安二都[illegible]沙寇江警庸等寇結成功為內應知縣歐陽明憲合饒鎮總兵官吳六奇平之尋勦烏山賊巢擒其首蔡四○十七年五月將軍達素總督李率泰海澄公黃梧分督水師官兵出海門斬偽閩安侯周瑞漸逼廈門會東風大作我兵多北人皆眩暈成功麾兵鏖戰遂大潰數日屍浮海岸者萬餘官軍十居七八○十八年四月鄭成功破臺灣據之（臺灣始末詳見雜記）○六月賊將蔡祿郭義燬銅山入雲霄就撫偽忠匡伯張進自焚死祿義俘掠銅山子女以萬數哭聲震地死者相枕藉既而銅山仍為賊

踞○九月遷沿海邊地以垣爲界龍溪自江東至龍江以東漳浦自梁山以南舊鎮以東鎮海陸鰲銅山海澄自一都以至六都詔安自五都至懸鐘皆爲棄土先是原任漳州知府房星燁降賊逃歸使其弟倭補通州星燁上言海賊皆從海邊取餉使空其土而徙其人寸板不許下海則波無食而賊自散矣至是上自山東下至廣東皆遷徙撥兵戍守

康熙元年春三月南海僞忠勇侯陳豹降豹短少精悍自唐王入閩據南澳近二十年廣寇蘇利許龍皆驍勇自負獨畏豹至是與成功貳遣周全斌攻之乃入廣東投降○五月鄭成功死○二年以同安副將施琅爲水師提督移鎮海澄琅泉州人成功舊將風宇魁梧號知兵海上樓櫓旗幟行陣之法皆琅啓之順治六年得罪于成功詣軍門降屢立功至是擢提督○十月水師提督施琅海澄公黃梧

[illegible]澄港會總督李率泰陸路提督馬得功攻[illegible]
[illegible]為賊所圍赴水死鄭經棄廈門金門走銅山
繼成功子我兵入廈門墟其地而還○三年三月鄭經遁入
臺灣偽永安伯黃廷武衛周全斌杜輝等俱先後入灣
降者甚眾○八月總督李率泰上疏取臺灣以施琅掛
靖海將軍印總統投誠諸將周全斌等○四年四月靖
海將軍施琅等出洋未至澎湖颶風大作各舡飄散不
能相顧皆引還未幾施琅加伯爵歸京移投誠兵將分
駐各省屯田數年間漳境相安無事○是年平和清寧
里賊首羅晚陳愛新安里賊首鍾光俱就撫先是晚愛與葉中等

結巢官寮山四出刼掠蘆溪受害最甚及就撫則中巳死晚愛率二百餘人道經蘆溪居民見賊大憤集衆盡殺之鍾先道經邑南門溪岸民追之於放生池賊五十餘人亦盡殺死又有賊首李晚刼饒平敗回鄉壯悉誅殺之自是平和之盜稍息矣○十三年三月耿精忠反傳檄至漳巡海道陳啓泰死之漳浦鎮劉炎海澄鎮趙得勝俱降漳屬各縣望風降附○四月海澄公黃梧卒○是月潮州劉進忠反詔安亂兵殺防將○鄭經遣劉國軒何祐馮錫范入廈門趙得勝復降鄭○五月鄭經據廈門經之東遁也偷安日久舡不滿百軍不滿萬精忠頗易之經使人借泉漳二府爲名募精忠難之于是耿鄭交惡○六月黃芳度梧子芳度黃襲殺偽漳州城守劉豹豹精忠所署時鄭經

已又身州芳度先使人賚密疏間道詣京求援[illegible]自守昔先殺豹經自泉遣使加封芳度佯受之而口人名募署部伍爲守城計○九月耿精忠遣兵拯平和海澄公標兵擬陞大敗之於上淡橋○十一月鄭經遣趙得勝何祐瀦劉範攻漳浦劉炎降○經分設六官算丁錢大索富民餉○十四年正月耿鄭通好○五月鄭經入海澄分兵掠南靖平和遣鄭斌徵黃芳度兵芳度不從○六月鄭經圍漳州黃芳度起兵禦之使其兄芳泰突圍入粵請援芳度年少然沉勇有謀經發衝㮝龍熕大炮百道仰攻城圮六十餘丈芳度立柵壘士且築且戰須臾而就時出輕師蹂鄭氏壁斬其僞將萬宏數月間經剽銳死傷大半乃築長圍守之是時粵東兵圍劉進忠於潮州芳泰至乃分兵救漳○十月黃芳度部將吳淑與弟潛叛降

于經初六日昧爽開門納賊黃芳度死之芳度登芝山見勢不支馳至開元寺赴井死是日芳泰以粵東援師至永定已無及矣經入漳盡芳度族戚將佐黃翼蔡龍等皆被殺○十六年二月大兵至漳鄭經走廈門各縣以次恢復○三月漳浦巫者蔡寅挾左道惑衆聚海上殘卒夜入泉州斬關而出人以爲神附者曰衆蔓延漳泉間派糧以食頭裹白布時人謂之白頭賊○十月鄭經遣何祐入南靖小溪吳淑入長泰屯天成寨○十二月我兵圍吳淑于天成寨蔡寅率衆援之淑突圍出走○是年以黃芳世襲封海澄公兼水師提督黃藍爲海澄總兵芳世芳度兄前爲侍衛藍即賞密疏入京者○十七年二月初十日劉國軒吳

潮犯海澄十一日破玉洲三叉河福滸十八日焚江橋廿三夜破石碼郡城諸路援兵皆爲所敗遂屯龍山頭以逼海澄副都統孟安陸路提督段應舉寧海將軍喇哈達平南將軍賴塔會師來援賊退屯石碼築垣拒守○是月賊以萬餘人掠平和庵後旋攻下埔土堡堡中悞墜火硝藥中火發賊招之令出欲縱之蓋賊意原在金帛也然終無一人肯出者計焚死二千餘人賊魯引去○三月劉國軒列陣於赤嶺在郡東十里戰方合蔡寅率衆出天寶山以牽我軍之勢提督黃芳世擊敗之○既而國軒樹柵雙橋擁漢兵連營進勒軍于水頭灣腹

樹十一日黎明國軒佯遁少頃我兵方蓐食賊揚舡登岸直趨水頭衝滿漢軍爲兩截段應舉奔海澄黃芳世幾爲所獲走入漳尋卒○賊既據水頭鎮門截海澄餉道應舉集滿漢官兵營于祖山頭國軒率勁卒登山遶吳淑遶出祖山之背應舉敗入海澄國軒以澄四面皆水夜築營壘塹于要路圍之數重由是內外阻絕○是月平和土寇張雄引詔安官陂賊廖興踞縣城搶掠一空既而興投誠于漳未幾仍乞鎮平和拆毀邑居殆盡○四月逮總督郎廷相以布政使姚啓聖代之以按察使吳興祚爲巡撫調江南提督楊捷入漳合兵救海澄

○五月賊營燈火寨在筆架山南以下臨大溪順流可過海澄故也是時[illegible]四集俱屯於筆架山姚總督遣兵破賊將林彪張鳳于岳嶺陣斬鳳公子姚儀以牛載土囊塡塹進至第三重賊炮火齊發我兵終阻于水不能近城○六月海澄陷提督段應舉都統穆伯希佛死之時城中圍八十餘日食盡殺馬羅雀鼠經以人革骨楮幣皆盡城陷應舉投弓北向再拜與穆俱自縊黃藍死于亂軍初入城官兵二萬餘人及陷存者不及三分之一○是月賊陷長泰城守黃煇開門納之○九月總督姚啓

聖遣兵復長泰○是月劉國軒自泉遁歸列營觀音山山在縣門築十九寨既而戰于長泰溪西官軍前鋒稍却總督姚啓聖援之耿精忠故仇鄭與拔刀砍地曰吾得與此

賊俱殲吾死不恨矣親督戰立斬退縮者三人大呼馳入賊陣諸軍從之斬僞鎮鄭英吳正璽等破其營斬首四千擒鹵一千二百餘人亡溺者以萬計國軒尾所乘馬泅河以遁○十二月再議遷界甲寅之變沿海遷民悉復故土丁巳叛後康親王上疏以遷界累民至是督撫請再遷從之○十八年三月劉國軒據巢衆堂逼近江東堂察橋扼要之地○十月賊築坂尾寨即蕭井寨官軍攻之不克○十一月總督姚啓聖設修來館于漳州首領降者官之銀幣袍服雖下隸小卒無不遍及有既受撫而仍歸賊者啓聖聽其來去多縱反間由是賊黨轉相傳誦人心攜貳降者接踵卒成臺灣之功啓聖之力也○是月吳淑死時坂尾寨新築淑守焉墻崩淑壓死漳人快之○十九年二月僞鎮陳昌降○是月我師復

海澄巡撫吳興祚水師提督萬正色入廈門鄭經遁歸臺灣陳昌既降經國軒等見勢不支又聞官兵已抵料羅料羅者通臺灣港道也遂焚廈門行官以遁○二十年正月鄭經死○五月總督姚啓聖請攻臺灣復以施琅爲水師提督仍掛靖海將軍印改萬正色爲陸路提督○二十一年五月總督姚啓聖率官兵至銅山候風出洋以風不利暫遣官兵回汛○二十二年六月靖海將軍施琅會各鎮官兵發銅山遂破澎湖○七月我師入臺灣鄭克塽降塽經子設一府三縣自是漳人共享昇平無復海患○二十四年六月三十夜賊夥林恩陳嫣等十餘人謀襲漳城不果事洩駐防總兵官金世榮悉杖斃

之○三十年三月奸民林姐謀襲漳城事覺姐逃之琯溪左營遊擊張繼良率兵掩捕合琯溪汛兵擊之姐被擒斬於市○三十六年四月詔安賊呂扁聚黨于平和白葉渠滈深險爲廣東大埔縣山聯界數日間衆至七百餘人刼掠漸逼縣城時居民俱依鄉堡爲固賊無所得食間道夜趨南靖之山城墟會阻雨旣至天已明賊爭奪食汛防千總曾高提擊走之轉遁平和高漈約正吳元臣糾鄉壯擊殺賊百餘人生擒者數十梟呂扁餘黨俱散○三十七年七月賊首鍾平鼻呂扁黨也是年平和有更丈糧之議人情洶洶知縣奔郡城平鼻潛結

有盜營大豐社距邑三十里約期刼縣而自爲內應與泉盤二乘間登城伺探爲營兵所執殺之邑鄉壯夜搜賊營知平鼻既誅皆潰○四十一年夏漳浦賊首詹睦聚黨百餘人于七星洞官兵往捕遁入竈山走平和山中豎旗集衆謀再至浦知縣陳汝咸以間諜誘睦入浦界伏鄉壯掩擊生擒睦杖殺之餘黨悉散○四十三年冬十月海賊徐容就擒容本名林老大平和小溪人初在廣東海豐碣石衛招集亡命下有船五隻與號首辛老大陳老大吳開錫阿寶尾同下海分仁義禮智信五字號每船不過數十人其後賊衆漸盛辛老大之弟辛五十七又別爲與字號俱橫行海中而屯劄則在碣石衛平海所丁欉線尾四處居多是年容率其黨忝阿尾自廣開洋一路刼掠與辛五十七陳老大吳開錫會于山東十月容還至寧波舟山外岐

山洋面遇日本番船二隻劫之行次漳浦古雷外洋航忽壞賊各携重貲僱小船登岸過雲霄爲保甲盤獲容與其黨八人俱就擒知縣陳汝咸廷鞫之廉得其狀繼問以勦撫機宜悉得賊中要領因上言于督撫請活徐容俾招餘黨自贖藉其財物解充兵餉其明年

欽差刑部侍郎常壽巡查閩粵置容軍中隨地招撫餘黨悉平○五十七年九月初十夜長泰有賊薛合等四十八人從東南壞垛潛入突入縣署搶掠財物雞鳴而期者不至倉皇出東關遁官兵同鄉壯尾其後擒獲四賊一斬市曹三犯斃獄中○至六十年冬始獲賊首薛合梟首示衆籍沒其家○五十八年正月初四日長泰民間訛言四起婦女盡逃鄉村止留男人守宿十五夜訛傳賊至男女亂竄衣服器物輒投井中○六十年四月臺灣

作亂郡城戒嚴居民逃竄僅存紳士衆扶老携幼有司莫能禁止各鄉寨堡皆增築

乾隆二年八月有同安奸民柯欽潛匿長泰境妖言惑衆事覺官司捕治○七年六月漳浦民賴石殺其知縣朱以誠○是年七月詔安陳作謀爲不軌旋擒獲伏誅○十七年十二月十七日平和賊匪蔡榮祖等謀襲郡城事洩被獲與其黨四十二人俱斬於市榮祖平和諸生素與南坪妖道馮珩交好至是謀爲不軌期于十二月十七夜襲城先一日榮祖由琯溪買舟舟中藏軍器火藥是日至南靖湖山爲鎮標守備葉相德南靖典史周履忠擒獲其黨羽散布郡城內外者以次就擒○三十三年三月十四日漳浦盧茂作亂知縣徐觀孫把總曾六

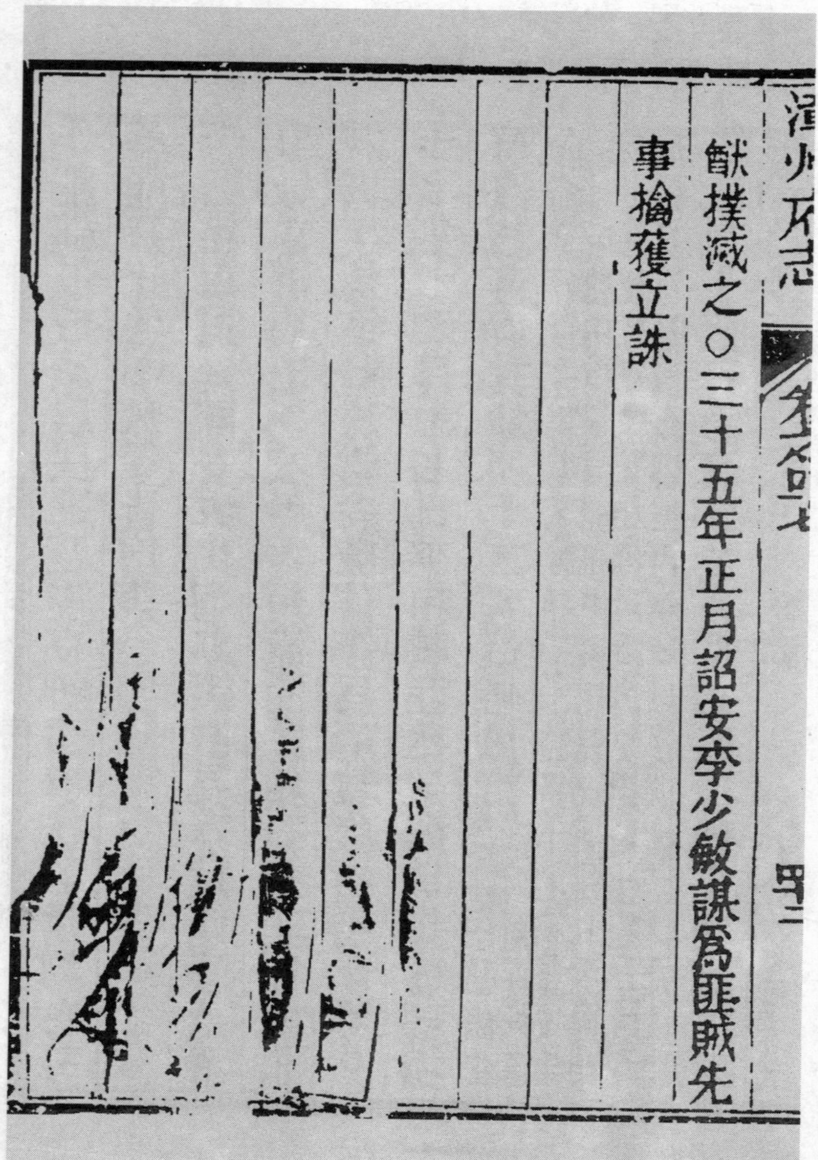

猷撲滅之○三十五年正月詔安李少敏謀爲匪賊先事擒獲立誅

災祥 新增

國朝乾隆四十八年正月十六酉時雲霄溪邊杉寮火延燒店屋百餘間○五十四五十五五十六年連年旱荒斗米價錢九百文斗麥價錢六百文○五十六年三月初六辰時地大震有聲如雷民居多損壞○五十九年八月十一十二日龍溪南靖長泰海澄四縣大水郡城水積半旬不退人口淹斃民居倒塌無數奉

恩旨按例加兩倍賞卹該處衙署倉庫監獄兵房等項卽速動項興修俾得以工代賑○六十年漳浦海澄詔安龍溪等縣近海低窪田禾猝被海潮淹沒奉

恩旨分別成災不成災蠲免本年錢糧及緩至次年徵收各有差其被災較重者於正賑外不分極次貧民均賞給三月口糧

嘉慶元年漳屬大飢石米價二兩八錢至三兩二錢不等○九年春陰淋彌月升鹽價錢八九十文○十一年五月龍溪南靖二縣大水奉

恩旨散給貧民一月口糧○二十五年秋八九月漳州大疫男女吐瀉暴卒不可勝數

道光七年銅山黃忠端祖塋有奸人謀侵隙地山石忽成篆字若黃山黃畀黃字或真或隸凡八九處

咸豐二年五月漳浦大風壞民屋

同治三年秋七八月彗星屢見○十二年六月二十七日颶風大作飛屋拔木繼之以雨歷數時乃龍溪海澄南靖皆同而漳浦一縣爲尤甚

寇亂 新增

國朝嘉慶元年春銅山營參將李長庚等追敗安南艇匪於海上先後擊沉四艘○二年雲霄鎮奸民陳與等作亂遊擊陳名魁撫平之興與吳龍吳大三人脫逃搜捕就獲

咸豐三年四月初七日同安轄雙刀會匪黃德美陷海澄

駐防遊擊崇安死之賊衆分陷石碼○初十日陷郡城總兵曹三祝汀漳龍道文秀死之同日陷長泰典史亢家騄死之○十二日陷漳浦典史潘振烈死之是日文秀子恩志入郡求父屍城鄉義民奮起殺賊遂復郡城○十七日復漳浦○十月長泰海澄石碼以次收復黃德美匿烏嶼橋爲訓導黃倫生員黃永梧率族衆擒獲之并其叔黃光箸即黃大箸股匪黃光揭解廈門磔死

同治三年九月粵逆僞侍王李世賢由汀州永定一路竄入漳境十三日連陷平和南靖南靖典史司徒炳死之○十四日陷郡城大肆焚殺城鄉男婦老幼不屈死者

數十萬人總兵祿魁汀漳龍道徐曉峯知府扎克丹布龍溪知縣錢世叙府學教授池劍波子盐大使池驤經歷張徵庸陳宗元遊擊沙肇修死之代理南靖縣陳能超至十三日猶以無賊禀覆致郡城不及設備○二十五日賊結土匪由平和攻陷雲霄○十二月十九日陷長泰知縣陳疇陣亡越二日收復○四年正月二十一日陷漳浦漳標把總葉騰蛟外委鄭昇章死之○三月初六日陷詔安時官民嬰城固守已逾七月知縣趙人成典史委錫安署漳潮巡檢方顯廷守備金占能前署詔安營守備沈龍章把總葉勝華吳殿揚任林死之人成先期懷血書于身云地莫非王土臣莫非王臣孤城獨力盡瘁

厥身條豫黄鎮擁衆萬人坐視不救害我良民○四月二十一日按察使王德榜署陸路提督郭松林署浙江提督高連陞記名提督黄少春署浙江衢州鎮劉清亮記名提督楊鼎勳署水師提督曾玉明等各率所部分路進攻于亥刻克復府城南靖平和漳浦雲霄諸廳縣以次收復幫辦軍務劉典攻克南靖輒獲最多雲霄漳浦敗賊二萬餘人竄近平和爲高連陞等軍迎擊生擒僞祥王黄隆芸其僞利王朱逆等股亦經王德榜勦殄無算○五月初一日我師夜復詔安越二日會粤軍生擒侍逆伏誅餘匪多薙髮投誠

漳州府志卷之四十七終

【乾隆】龍溪縣志

（清）吴宜燮修　（清）黄惠、李疇纂

清乾隆二十七年（1762）刻本

龍溪縣志卷之二十

祥異 附紀兵

二氣之戾五行之激而災祥生焉陰陽和而風雨時則青沴不作寇盜不興董子曰天人相與之際甚可畏也夫酌斗杓而調元氣此非一邑之令之力之所能勝然凜乎此而生其謹畏之心當益脩其政焉又況虎可渡河蝗不入境易刀兵為牛犢以詩書銷戈矛獨無所試乎哉志祥異

梁大同六年九龍晝戲於江舊志作戲西江時龍溪屬泉在泉之西後縣屬漳江在郡北不宜仍稱西江也

唐天寶八載邑民鍾文定獲白鹿牝牡各一

宋咸平二年十月水泛溢壞民舍千餘區州民多溺死

大中祥符七年二月民邱頡於九龍溪獲一魚腹有珠圍濶三寸七分旁有七細珠狀如七曜　治平四年秋地震裂長數十丈濶丈餘有狗自中出視其下林木蔚然　熙寧十年饑　崇寧元年旱　政和七年二月十二日甘露降於司理院雙梅上光燦射日味甘如飴三日未晞　紹興十四年郡學戟門之東楹產靈芝之三　隆興二年大旱自春至於八月　淳熙四年州治災守趙公綢建署堂有白鶴自空下飛

舞移時乃去　郡學有槐生於儀門上之栗條各七葉蒼翠經月　十年九月乙丑大風雨水暴至州城半没壞八百九十餘家　十一年四月不雨至於八月是年無禾令守臣賑粟貸種　嘉定九年五月大水漂田廬害稼　十六年秋大水壞田稼　紹定元年龍江書院仰高堂產瑞芝九色如截肪

元至治三年九月水　泰定三年九月水

明正統十年十一月地一日夜凡九震鳥獸之屬皆辟易飛走山崩石墜地裂水湧壞公私屋宇無算百餘日乃止　天順五年五月戊午夜大風雨墜石拔木

洪水泛溢漂人畜甚衆東門內外譙樓皆圮 七年七月疾風暴雨北溪洪水漲平地深五丈柳營江橋亭圮 成化十年四月大鳥止郡庭榕樹上身色青灰翅黑嘴足淡紅頭舉高丈餘舒其翼盈數弓地攫紫背白鷺而吞之後爲弩人射死舊縣志此乃知府張瓚時事通志作九年誤 七月戊午夜暴雨不止水驟至山崩城垣幾沒浮屍蔽江南門石橋二間圮廬舍壞者不可勝計 十八年秋八月甲寅夜火燔雙門樓及公私廬舍數百區 二十一年春夜雹雨田廬禾稼多壞 弘治十五年十一都有泉自東埭山暴湧而出漂石流沙

墾田數十畝　十七年四月文山大楓樹上產異花一簇其狀如蘭其葉如桂有殊香凡四十日乃謝九月西方有大星隕聲如雷　正德八年九月饑有司開倉賑濟　嘉靖四年歲大稔　七月甘露降松栢上如霜餳食之甘　十月彗見西方踰年始沒十一年彗見東方冬盡乃沒　十二年冬十月星隕如雨　十四年秋大水　十六年甘露降知府孫祿作甘露亭　二十二年地震　二十三年大饑　二十四年旱太饑　二十五年饑秋七月雨雹　二十六年大熟自是連歲俱熟　二十七年三月二白虹貫日長竟天

二十八年五月五日南河競渡城中婦女盡出遊午後颶風作船覆溺死者六十餘人　冬十月地震有聲如雷　一十三年雨色如墨　二十五年春二月彗星見北方長丈餘凡三十餘日乃滅　三十七年六月有黑雲降於郡西郊溝水皆沸屋瓦盡飛其夜有大星隕　四十年春夏旱五月有星犯月　四十一年又旱　四十二年夏大水高三丈餘壞田廬南橋址盡漂沒　四十五年三月十二日黑光磨盪自辰至巳　隆慶四年夏六月初六日烈風暴雨水漂沒民居不可勝數郡南橋壞　萬歷元年六月旱

五年八月有星見於西南其狀如帚長數尺　九年五月二十四日有龍起於十一都廬州渡江至雲洞而止禾稼損傷而無風雨　十八年四月穀貴城內外饑民聚衆搶掠大戶數十餘家知府李載陽召兵緝捕逾三日乃定執倡亂者殪於省獄六月二十一日大風撼折東北二城樓及拔木壞屋　二十一年四月初九日申時雷震府文廟及明倫堂　二十三年七月十九二十兩日大風雨潦壞民廬舍　二十五年春地生毛八月二十八日溪地[illegible]湧水溢數尺二十六年六月十六日火藥局井中火自生震劈旁

居男婦二十七人至有飛骸數里外者壞房屋百有餘所聲聞百里　二十八年八月二十三夜戌時地大震　二十九年九月二十二日大水壞新橋十月十一夜戌時地大震子時又震五更有星隕如雨　三十一年八月初五日未時颶風大作壞公廨城垣民屋是日海溢高堤岸丈餘人畜死者不可勝計有大番船漂衝入石美鎮城壓壞民舍十一月初九日地大震有聲震凡二十餘日乃止　三十六年自正月至五月疫作自三月至六月不雨　三十九年六月二十日慶雲見於郡城西北移時乃散　四十一

年五月二十六日大水城南新橋壞　四十二年八月初五日大風雨飛瓦拔木西南北三溪水漲田廬樹柩多漂入海　四十三年四月米價驟湧村落絶糴　四十五年六月大雨西北二溪水漲城垣不沒者尺許先數日有鳥一足見於澄之吾養山或以爲商羊云八月有白雲起於海上東方狀如刀　泰昌元年四月東方有氣長竟天六月有日並出者三天啓二年郡城南門外火延燒入城至龍亭庫前乃熄四年郡城内外遍地生白毛南隅居民有牡豬生子形似小兒瞬息而死八月大風飛沙拔木鳥雀多

死　七年大饑　崇禎三年七月十五日大雨如注
翼日洪水至漂流廬舍甚多　五年三月十四日長
有啓明星二並起相屬至十七日乃滅　七年大熱
十月地震　九年六月太白經天十一月大雨雪積
氷厚一尺牛羊草木多凍死　十二年八月十五日
大水十月初一日又大水禾稼登場者皆漂沒　十
三年正月朔日食是年郡城火大疫　十四年八月
廿六夜東橋下營火燬民居二百餘家
國朝順治二年六月朔日食既　三年五月初三日太
白晝見是歲冬大熱　五年大饑米每石銀六錢六

月雷震郡城文昌閣　七年大饑十二月二十六日寅卯二時地大震　九年海冦圍城城内人相食斗米值錢五十兩圍解收顱骨得七十三萬癘大作死者無數　十一年旱冬大寒隕霜不殺蟲十二年二月二日日有三暈狀如連環

康熙四年四月饑時海濱遷界餓莩僵死相望於道五年六年連歲大熟此後米價平者二十餘年　七年五月有星見於東方形如劍六月十八日十邑同時大水官報田廬淹沒災傷者察免是日南橋壞郡南水高與城齊　九年六月大火九月郡城北隅有

婦人産子手如猪蹄生背上　十三年二月開元寺大佛頭無故自落如刀斷　十四年三月彗星見九月二十夜有大星如斗墜南方衆小星隨之皆隕十五年十月彗星見長丈餘　十七年有白氣二道見北方十餘日乃散是夏大水　十九年彗星屢見夜昏有白氣來自東南　二十四年六月水圯郡城南橋海壖禾稼多壞　二十五年閏四月十二日夜大雷雨郡城震死八人　二十六年大熟斗米值錢二十文　三十年十一月二十夜雷大震　三十三年大水郡城南橋一帶民居盡沒　四十年大旱禾

苗盡枯　四十一年又旱草盡枯死五月乃雨　四十二年七月廿九日有慶雲見於西方五色俱備移時乃散　四十七年八月朔日食既　四十八年夏大風貢院毀　四十九年大旱民多饑死閏七月海漲堤岸皆圮　五十年七月十八夜地震九月又震十二月雨雹　五十六年四月二十七日大水田裏港岸崩（按港岸崩壞則南河從田裏港直下而前浦港繞城之水不復環抱闔郡形勝故紀之）六十一年五月十五日雷震大成殿

雍正四年大饑　九年八月初四夜龍起壺嶼大風拔木壞屋行人有被挾過溪者瞑晦中有火光熒熒然

乾隆元年雨雹　二年龍江里人陳茂椿家盆荷一根開花紅白異色又有一花而紅白閒者　十三年春旱至秋七月乃雨　十七年三月二十九日雷震同時死者數人五月白虹貫日七月大水漂没廬舍公私船自相擊碎　十九年五月大雨水淹田廬奉文賑恤　二十二年旱二十三年後旱渠港皆乾

【乾隆】海澄縣志

（清）陳鍈、王作霖修　（清）葉廷推、鄧來祚纂

清乾隆二十七年（1762）刻本

海澄縣志卷之十八

災祥志 附寇亂

夫徵咎徵休難言者天人之際致祥致異肇允者治亂之幾春秋不諱言災故星隕日食並紀叔季惟知獻媚何嘉禾瑞草偏多無寧懼而增修未許遂以自足理非本隱以之顯數執轉災而爲祥若夫鱗介窺裳波殘成乎沸鼎燕雀處屋焰弗戒夫焚巢此則人事之失修非獨天爲之未悔反風滅火彼何人哉未雨徹桑此其時矣志災祥而寇亂附焉

宋開禧三年夏旱青礁大熟春夏之交亢暘為沴赤地千里青礁居民禱於忠顯侯祠輙得甘雨歲乃大熟

明嘉靖四年歲大稔

十四年十一月八都火延燒千有餘家

三十三年九都火延燒數百家

三十七年三月雨雹大如石子起自三都碎屋傷畜無數

三十八年六月十六夜西北方有星隕如雷

隆慶二年三月十七日有黑雲挾龍自八都東方起撤屋裂瓦火光倏忽燒燼諸蔬古塚棺柩亦有擊移

者至港口而滅
三年至四年連歲大熟斗米直銀一二分
五年四月十三夜初更里人鱗集互歌於月港橋忽
壞橋板二間溺死一十三人
萬曆元年六月廿四夜月港橋火延燒店屋百餘間
橋板俱折
五年八月有星見於西南狀如帚長數丈漸滅
十八年夏穀貴
六月廿一日辰時雷震風烈雨潮暴至壞民間廬舍
及漂死者無算

二十五年春遍地生毛

八月廿八日溪池自湧水溢數尺

二十六年三月初二夜縣獄後門火延燒東至縣照牆西至醫學止

初八夜衙後街火延燒店屋數十間至西門止

二十七年春沙坂周氏宗祠生紅芝一莖高七寸

六月港口新橋火自八都橋東起至九都橋西止店舍多燬橋板盡折

二十八年虎至大巖山不傷人

八月廿三夜戌時地大震廿四日酉時又大震

二十九年十月十一夜戌時地大震子時又震至五鼓星隕如雨

三十一年八月初五日未時颶風大作壞公廨城垣民舍是日海水溢堤岸驟起丈餘浸沒沿海數千餘家人畜死者不可勝數（是月漳人販呂宋者爲番所殺在大崙山立風雨中并命幾盡格與同時）

三十二年八月三都地大震有聲自西方來從東而去

十一月初九夜地大震民舍多壞有地裂而泉湧者連震至十二月初旬乃止（郡志溪志俱作三十一年）

三十四年大旱米貴民饑

三十五年六月二十日申時慶雲現于西方移時乃散郡志溪志俱作三十九年

三十六年正月疫起至五月止

三月不雨至六月人渇米貴

三十七年正月初四晚霞尾街火延燒店屋數十間至烈女坊止

四十年六月五都青鼇保嘉禾生有一莖三穗者生員蔡國珪作頌以獻

四十二年八月初五日風雨大作飛瓦拔木次日洪

水漲發西北南三溪田盧櫬柩有漂流入海者

四十三年四月米價驟湧每斗索直二錢市肆村落爲之絶粒顛連載道知縣陶鎔發賑至五月漸米到價乃平

四十四年九月初六夜九都東門內向北直街火延燒民舍至龍興巷止

四十五年六月二十日大風雨連日不止洪水漲壞沿溪廬舍先數日有鳥一足狀似雄雞跳舞于吾養山蓋商羊也

八月颶風大作潮溢傷稼

是月亭下街火延燒店屋數十間及鄉紳曾應祭坊

知縣傅檝多方設救推縣門匾焚之乃止

四十六年八月有白氣起于海上東方狀如腰刀至十一月方止

四十七年春旱 按應禱記云傅太常檝初爲澄令澄人德之後移治龍溪已未春肥蟾爲祟公百計步禱沾足未期因憶去澄三十里爲紫帽山其上有龍湫祈雨屢驗山屬浦界公曰吾且登此而嗟枯不獨一方也趣令蕩舟澄民聞公抵水濱老稺畢集如儀赴衆正料理登峰事而滂沱縣至或謂可輟紫帽之行詰朝復霽公曰神待我矣於時來會者數千人公戒老幼毋往獨與壯者千餘人步行由郊薊綿霏霽公欣然謂有雨色乃澄人苦旱太深剴指爲毒霧公亦疑信者半比渡太江西風大作甫詣龍潭傾盆濺瀑歸沾濕中歡呼載野所經山僧燒香茗來獻公勞之曰他人有髮藏雨頭陀乃真協沐耶還抵壽春宮諸從禱者辭詣所在看田公慰藉而遣之三邑盡荷鄉相顧曰公禱於澄波以澤龍而沿浦也

泰昌元年四月東方有氣長竟天

天啓二年海滄有鳥墜斃狀如鸞烱色一脚

六年七月訛言四起遠近喧傳朝遣緹騎四出摉拏株未葬者罪則僧仍山城流傳郡中及海與僉皇播遷或曳置茂草或投畀水中或聞信稍後近夜不及他徙亦量畀出郊須藉道旁權恐緹使皆至輒斷人一手一足也當道嚴論不止久之乃定蓋是時逆璫大肆誅戮國無常憲雖天地間未經見之事信口訛傳以爲實錄即紳士無識者亦疑信相半無論細民亦亂從也

八月大風飛沙拔木鳥雀多死

九月大巖山鳴

七年大饑是年吾養山厚坑社茂林中產芝數十莖

六月有大星從縣南向西而墮火光散亂數星隨之

崇禎三年米價大湧斗米索直二錢饑民載道至食木葉可一歲乃平

十一月初十日大東門內關帝廟前街火延燒店屋數十間至陳節婦坊止

四年四月十四日海滄降赤雨

五年三月十四日晨有二落明星並起相聯以後漸遠至十七日一星方滅三月壬申癸酉兩志俱作五月通志府志溪志皆作三月茲從之相聯通作相映

七年大熱

九年六月太白經天

十三年閏正月初五日大雷連陰至三月朔乃止將去驚蟄尚十日

國朝順治三年五月初三日太白晝見望後方隱是年冬大熟

五年三月大饑斗米索直五錢六月乃平

七年大饑

十二月廿六日寅卯二時地大震

九年正月初二日潮水突增五尺是日鄭成功入澄

康熙三年四月饑斗米直銀三錢餓死者相枕藉

五年六月彗星見西北方

五年六年連歲大有年自此以後二十餘年米價雖高一斗不過二三分

七年正月初四夜火延燒莘賢坊街店屋數十間

六月十八日大水田廬淹沒甚多

八年六月彗星見經旬乃滅

十年六月大有年斗米直銀二分

十四年三月彗星見

十五年十月下旬西北方彗星見光芒丈餘經旬不滅

十九年五月旱

是年彗星屢見昏中白氣見東南

二十年九月彗星見

二十一年八月二十日未時五色雲見西方至昏不見

二十二年四月十二日雨雹如拇指大

五月旱米價無增冬大熟

二十六年大熟斗米直錢二十

二十七年七月訛言閏月乃定安傳 朝廷點繡女使者即至無論已聘未聘一時民間凡聘而未娶者皆遣還夫家其未聘者倉卒匹配燕婉戚施不暇擇也

二十八年閏三月初二日未時雨雹狀如冰糖有大小之分

四月中何飛蟲傷稻十九日知縣胡鼎令各田頭掘坑夜間放火焚之三夜盡滅

三十一年十一月二十夜雷大震

三十二年十一月十五夜地震殷殷有聲

三十三年正月十三日連陰積雨至五月廿七日方止中無十日晴三月初二夜雨色如淡墨十六早雷大震雨色又如淡墨

三十四年九月朔晨有星見於東南方吐芒形如扁挑經旬漸滅

三十七年春夏穀貴

四十年大旱禾苗盡枯

四十一年春旱五月乃雨野無青草
四十五年四月初八日城隍廟側張家有豕生白象隨斃
四十九年大旱米貴民凋詔發漕分賑米價稍平五月海溢傷稼
閏七月初五夜潮水暴漲漂沒沿海廬舍千有餘家棺柩無數民皆架梁奔命死少傷多計崩海岸八十餘丈知縣韓鍾捐俸百金修築
九月十八夜海潮又漲淹至鹿石山下東郊一帶禾稼皆傷

五十年七月十八夜地震九月又震

五十二年四月廿七日大風雨南溪沿岸田盧多被漂沒

五十七年六月黑蟲剪稻西南兩處並無粒存

六十年夏地生毛

雍正四年夏大旱菜茹盡枯民食海柯葉

八年九年大熟

乾隆七年正月不雨至四月中乃雨首種不入斗米直錢二百餘文

八年十二月初六夜謝滄民蔡典妻蘇氏一乳三子

知縣黃會賞布三疋

九年十一月彗星見光芒丈餘經月乃滅

十一年九月初二日地震十二年七月十九大巖山鳴

十三年大旱闔邑田無下種池井皆涸民多取飲于江東

十四年四月初一日巳時地震

十七年正月十二夜初更有星寸許隕于東北其聲如雷光芒數丈木葉遭之盡脫

七月初七夜大風雨船盡沈沒溺與撈屍甚多

十八年疫民斃牛馬死無數

十九年閏四月十八日風雨大作西南二溪淹沒廬舍四千八百五十餘間田園人畜損傷極多槪作有被漂流入海督撫發銀賑卹知縣汪家琛捐俸以濟每間屋九檻者賑銀五錢五分七檻者半之丁口十六以上賑米一斗五升十六以下半之

九月初二日海潮崩岸傷稼

二十二年春旱田無播種

二十三年又旱

二十六年正月廿七夜新路口火上至貞節坊下近孝賢坊知縣丁公作霖設救人民無傷

六月十九日申時地震

（清）陳汝咸原本
（清）施錫衛再續纂修

【光緒】漳浦縣志

民國二十五年（1936）朱熙鉛印本

災祥

唐玄宗開元十三年十一月朔粱山祥雲見絢爛亘二百里彌月縣白於府都督辛子言遣參軍王庭芝致祭

天寶八年縣民鍾文定獲白鹿牝牡各一送郡繪圖以進

德宗貞元六年大旱觀察使吳湊檄當州官吏詣梁山禱雨祥雲見大雨三日

宋孝宗隆興二年大旱首種不入自春至于八月

乾道六年旱

元順帝至正十四年大旱

明英宗天順五年五月颶風洪水發漂人畜

憲宗成化十二年大旱自春至于八月不雨七都下坂社有物若雲片亂墜形類猿猴相接長一二丈初活動少頃消滅今府志作龍溪事非是

十三年大饑

二十一年自春至夏連雨傷屋廬禾稼

孝宗宏治十八年九都有巨魚入値潮落人爭剖其肉時饑賴以濟

武宗正德四年蝗入境知縣胥文相爲文祭之

八年饑

九年饑

世宗嘉靖七年春甘露降于松樹潔白凝沍味甘如飴守臣以聞

梁山鳴凡三日

八年二都生員鄭習妻一乳三子俱育

蜈田民有雄雞生獸如猫狀

四都有海嶼三峯並列其日忽沒於海頃之三山並爲一峯屹立騰空望之若樓臺變幻不常如是者三日

九年饑山竹生實如米採之數百石饑民賴以供食

十二年冬十月星隕如雨諸縣同

十六年大旱自五月至於明年四月不雨歲大饑

十八年禾穗五岐

二十三年大旱

二十四年大饑縣官於興教寺爲粥食餓者就食而死者塞道

二十七年大雨水漂溺民居

二十八年十月地震有聲如雷

二十九年春羅山祥雲見

三十七年春有物自潮州來以漸而北號曰馬流精始至有燐夜見飛入人家侵及婦女輒暈仆於地每日暮人家婦女露坐男子四圍守之競敲擊金鼓譁鬧街衢遇有火星熠燿即取生竹梢及桃柳枝亂擊之其火盡碎散作百數十片久之乃滅城中旬日無敢臥者流至興化府而止

七月梁山鳴

雨雹大如斧壞民居獸畜

十月有流星如斗自西及東隕於地聲如雷

十一月陳將軍廟前榕樹上產芝草如蓮花

四十年五月有星犯月

穆宗隆慶二年九月梁山鳴

十月梁山五色雲見

四年六月大水漂溺民居

神宗萬曆元年雷擊東塔壞其頂

二年五月雷擊鼓樓西角

九月大雨水

四年八月孛星見

五年十一月甘露降於榕

七年二月至十一月不雨歲饑當道發帑金倉粟修浚城池籍饑民爲夫廪食之

十年五月大水東門月城崩城外水高丈餘漂田廬不可勝數民訛傳寇至相驚擾

十八年五月歲祲饑民聚掠富家穀幾爲亂撫院下令捕之乃止

二十四年正月初六日午時震雷大雨雹
二十五年八月無雨池井水自長數尺徐自消
九月初二日大雨水漂民田廬市可行舟
二十六年摩頂山淹北銅鼓山龍脉崩知縣楊材倡議補築二十七年
知縣王猷徵贖鍰鳩工培築凡六載功成
六月東南門外田禾一穗兩岐者過半或有三岐者二十八年八月二
十三日戌時地大震一夜凡五震水磨徑口有巨石大五丈餘崩墜
三十一年八月初六日大水颶風暴作濱海溺死者數千人
三十二年十一月初九日戌時地大震有聲踰時方定民舍多傾倒興
教寺金剛像壞忠節坊仙雲坊二塔頂俱墜連日微震南門外大陂
田中陷一穴廣五丈餘深約二丈水湧出中有黑沙泥
七都竈山無風雨忽墜一石大五六丈先一二日有氣出如烟火
三十六年五月十六日酉時地大震亥時乃止次日地下發物如絲時

人謂之震地毛

三十七年四月初九日梁山彩雲見

三十八年二月十三日雨雹如彈丸

四十一年二月東關外憲臺里井鳴數日如漉水聲

五月廿六日大水漂壞民居

四十二年歲饑知縣區龍楨發倉米給糶令煑粥於四隅賑濟饑民就食

四十五年八月颶風大水

四十七年有星化白氣如刀長二丈餘每夜四更輒見於東方月餘乃滅

八月慧星見於東北芒三尺如金色

熹宗天啓四年大旱

懷宗崇禎三年大饑五月斗米銀一錢五分民情洶沸

八年五月初四日南溪競渡環橋擁觀城樓角迅雷突發震死者十四人

十二年四月廿三日雲霄埔尾城有長星隕於地爲石銅山有石水中行五十餘步（人已以之異兒衆拾公而止）

八月雨白豆於西宸嶺雞犬食之皆斃

十三年正月朔日有食之

國朝順治二年六月朔日食既白晝如夜

五年五月米價每斗銀六錢餘民餓死無數

七年歲饑米貴知縣范進給票令貧民就富家糴粟時民情洶懼富家不敢發

八年每夜二更衆雞皆鳴

十年九月大水雲霄將軍大臣二山俱崩

十一年五月自鹿溪至秦溪水色變黑而臭惡旬餘始復

歲旱自秋八月不雨至於明年三月禾乃不登

冬大寒隕霜不殺蟲

十三年正月十六夜大雨雪

今上康熙二年二月大雨雪

三年三月饑斗米價值三錢餘民有食草根者

四年正月十六夜有虎從西隅水溝入城噬人

五年九月十六日酉時地震

六年六月大水

七年六月十九日大雨漂田廬水漲三日院司行報水災傷者察免

八月白虹見於中天昏彗星孛於西方月餘乃伏

九年秋七月大旱

十二年四月旱知縣喬甲觀步禱於鹿溪甘霖立沛

十四年三月彗星屢見

十六年秋螟晚禾無穫而米價仍平
十八年七月朔戌時龍起泮池滿城光豔
十九年三月米價騰湧斗米銀二錢餘
慧星屢見夜昏有白氣見東南芒烟射斗
二十二年有年米斗銀二分民氣和樂
二十三年正月梁山鳴
有年米斗銀二分餘如故
二十六年有白環三連而貫日
雲霄營兵陳五妻一乳三子俱育
二十七年梁山蓮華峯有巨石崩墜
二十八年旱知縣楊遇禱於柑林廟立應
五月海濱蝗起漸入內地至近郊而止不食苗
入都地方開並蒂蓮花

十月廿九日申時虹繞興教寺有星吐白氣於東南

三十年自入春不雨米價騰湧斗米銀一錢五分鄉民有嘯聚思亂者近郊多攜挈入城

三十三年秋晚稻方插即吐穗結實有一稃二米者西南近郊多有而入都尤盛

三十五年三月西門內雨居民王佐家皆紅水東門外雨黑雨水濁而味腥

四月初十日梁山祥雲見如是者旬日

三十六年春旱米價湧知縣陳汝咸請開常平倉減價發賣自四月初一日起至早稻登場止民賴全活

七月旱知縣陳汝咸就城隍設壇祈雨卯時步禱午後即雨四境霑足

十月穀歉登知縣陳汝咸令人航海至吳買米餉兵其餘減價發賣許民借貸補倉民便之

徐炳文修　鄭豐稔纂

【民國】雲霄縣志

民國三十六年(1947)鉛印本

大事

鄭豐稔總纂
周鳳翔協輯
石正

史記首纂本紀，以爲全書綱領，其義例之嚴密，允足模範百代。稱以爲地方志乘，亦當仿其體爲之。查前廳志有「寇警」「災祥」兩門，以編年紀事之體，援非常則書之例，自可取以弁首。惟中間涉及星經休咎諸不合科學之紀載，則不得不加以糾正。故茲編之在嘉慶以前者，則整齊其故事，以存歷史之迹；其在嘉慶以後者，則搜集遺佚，以及現行政績之犖犖大者，鉤玄提要，衍前紀合纂爲一門，命之曰大事，以庶幾於子長之義例云爾。

唐

高宗總章二年，以左玉鈐衛翊府左郎將陳政統嶺南行軍總管事，鎮泉潮間，故綏安地。

綏安爲荒僻地，見潮陽誌，是爲本縣隸職方之始。

儀鳳二年，政子元光討平廣寇陳謙等，開屯漳水之北。

中宗嗣聖二年，陳元光請屯所建漳州郡，領漳浦懷恩二縣。

本縣治，即懷恩縣故城。

中宗景雲二年，刺史陳元光討潮寇于岳山，死之。

潮寇雷萬興苗自成之子，集衆潛抵岳山，元光討之，援兵後至，爲賊將藍奉高刃傷而卒，葬于綏安溪之大峙原。（萬歷志載元光與流寇陳鐵戰死今從浦志及陳氏家譜）

元宗開元三年，刺史陳珦襲殺藍奉高，俘其餘黨。

陳珦元光子，襲封，率師夜破藍奉高賊峒斬之，俘其餘黨。

四年徙州治於李澳川，漳浦縣隨州徙。

二十九年，徙省懷恩入漳浦，本境遂爲漳浦驛。

宋

熙寧十年饑。

乾道六年旱。

元

至正十四年旱。

至正二十一年西林賊陳世民反，總管羅良平之，總管羅良攻退世民諸賊，世民奔潮，其黨殺之以降。（俱本府志）

明

天順五年五月大風雨，漂溺人畜。

六年饑民譟刦奪，里人吳永綏白憲臣發粟賑濟。（見商素菴文集）

成化丙申丁酉饑。

二十七年大水。

宏治九年山賊竊發。賊退後官兵捕執居民商旅五百餘人，將坐之，生員吳碁辯其枉，得不死。（見李西涯文集）

十六年二月二日，山寇殺掠，居民盡竄。（見吳杜菴宏治集）

十八年十月張纂元、張俊元、姓元等，築甯奥土城。

見林偕春碑記，又考漳浦志建置志載　[illegible]奥土堡，在六都；始以土為之，後易以石。

清順治雲霄鎮帥，移駐於此。

正德六年吳子霖創議築城

知縣吳仕典記略云：義官吳子霖創議，先發家資自築一面，倡兄子滿，成其門之東。同祖兄子約千元，成其門之西北。及諸鄉之民，而沈，而陳，某成該城丈凡幾，某成該城丈凡幾。城高一丈三尺，廣一千一百六丈。經始於壬申，訖工於癸酉。又考漳浦志．建置志略云：雲霄鎮城在六都，背山面海。正德間寇起，當事議築城不果。鄉民吳子霖始聚日設城塹，未幾毀。嘉靖五年，知縣尚仲從義民吳子滿等請，築城周八百二十有五丈，高丈有八尺，甃累層石，未甃以磚。與吳記略有出入，但創議為吳子霖，馬兩係營同，自應以創築之功歸之。

嘉靖十六年旱，自五月至明年四月不雨，歲饑。

三十四年海寇吳平據梅嶺，掠雲霄等處。總兵戚繼光海道周賢宣率兵剿之，夜遁南澳。（和志）

三十五年十月，倭寇自雲霄登岸，屯住後江頭土城，流劫詔安，焚掠無數。（府志）

三十六年倭寇六都。(漳志)

三十七年十月寇突至泉山，攻水寨，上至雲霄莆尾土圍，下至詔安城外。惟東坑畬一帶，焚刦尤慘。百戶鄧惟忠，督兵遇于深田，擒倭四人，斬二人，既而海寇謝老洪老(即洪迪珍)等誘倭二十餘人再泊浯嶼。(府志)

三十八年倭寇數千，自潮州掠本境。(府志)

三十九年五月饒賊張連僭號，衆二千餘，陷本境。(府志)

隆慶三年四年大熟。

清

順治元年十月，山寇徐連陷城。(府志)

至是始設鎮，駐鎮守總兵官。

五年六月，潮寇逼雲霄，鎮守總兵王之綱退歸漳浦，盤陀嶺以南，悉爲寇有。(府志)按縣志是年三月山寇先乃海寇方玉等攻陷城復，至是復陷，而林烏坑等處，皆乃敗賊。

六年十月十八日，鄭成功陷鎮城，十一月總兵王邦俊破走之。（府志）

八年十二月，撫賊陳堯策等陷城，翌年十月恢復。（採塘報）

十年二月十二日，海寇黃廷由高溪入犯。（採塘報）

十一年九月，駐防遊擊蔡恩被誘殺，城陷，翌年十二月復。（採塘報）

十三年六月，山寇曾尾吳巖，嘯聚上坂狗窩，掠鄉寨（採塘報）

同年十月，鎮將郭子龍黃元率百餘艘入犯。（採塘報）

十六年五月，鎮將高陳涂勝等，刦深山月眉池。（採塘報）

十七年鎮將郭義蔡祿來犯。（府志）

十八年六月，郭義蔡祿，燬銅山入雲霄。（府志）

九月沿海劃界移民。

遷沿海邊地，以垣為界，是誠始于防界牆，自河口以外，居民遷移失業流亡者甚多。（府志）

康熙二十五年水，土圍圮，圍內二十餘家，漂十餘里，均得救。
二十六年陳五妻，一乳三子，俱育。
四十六年六月水，沒廬舍。城崩四十九丈。(據浦志)
乾隆十六年十二月十七日寅時，和宵街關廟前火，燒屋數十間。
三十七年壬辰秋，颶風大作，傾墻拔木。
三十九年九月，旱，風傷晚稼。(府志)
四十七年正月十六日，酉時，杉寮火，燒屋百餘間。
五十四，五十五，五十六年，連年旱荒。
五十六年辛亥，三月初六辰時，地大震，民居多損壞。
五月初三日水，溪口鄉溪洲衝壓溺死者十餘人。
嘉慶三年四月，改雲霄鎮爲撫民廳，以府同知分治。
四年欽賜翰林檢討朱光章，歲貢生吳文菻等，呈請援江西蓮花廳例，准建廳學，議格不行。

十九年吳文林等請設學，文移往來數年未決。

道光十九年五月，頒禁烟新例。

時清廷禁煙不遺餘力，十八年以來，京城內外各衙門，發現鴉片罪犯，不下數百起，並派林則徐馳赴廣東查辦禁煙事件，英人藉以啟釁，簽訂南京條約。此吾國百年來盛衰之大鍵也。新例共三十九條，取締最爲嚴厲。

二十五年初用銀元

初由西葡萄牙輸入，銀面印佛頭，邑人號爲清水佛頭銀，至是而英洋日洋接踵至。光緒間始自行鼓鑄，並發行輔幣，名小洋，邑人謂爲銀角仔。

咸豐三年朱翔作亂，廳同知潘駿章逃，翔旋被捕，伏誅。

翔係在學生員，岳坑人，以好施得衆，其村人乘漳州之亂，擁以爲主，號義兄，時同知潘駿章聞風潛逃。亂民遂乘機搶城市，亂定後，翔被捕，伏誅。

同治三年九月二十四日，洪楊朱義德部屬陷城，陳時雍及其子文超拒戰於漳仔脚，死之。

九月二十三日大溪告警，文武各官多脫逃，越日陳時雍率子文超，及鄉勇拒於漳仔脚，因衆寡不敵，相繼死，翌年四月楚軍左宗棠殲悍，雲胥朱始由大溪退。（採陳氏家譜）。

光緒二十四年五月命科舉改試策論，各省府廳州縣設立學堂。

二十七年六月停止武科。

三十年二月，分府步翔藻因買捐激變罷市，市民相率擁入廳衙，倒後牆一座，并搗毀林進士鎮荊齋，嗣捕殺張維樸并賠款了事。

三十一年廢科舉。

三十二年張百八自號地藏王，以神道惑衆，事發，張百八逃。

三十三年三月陳嘉藏，吳純，方聖徵，吳禎，創辦開智兩等小學堂於炳文書院。

同年設去毒社。

同年冬設教育會。

三十四年設商務分會。

宣統元年設自治會。

同年使用銅元每枚當錢拾文。

二年設勸學所。

三年三月旱，米貴。

同年九月十九日，福州光復，同月二十六日，分府李懋猷，常備隊總管唐祚志，反正。

同年冬，清帝遜位。

同年冬，楊[illegible]山藉革命軍名目入縣境，唐祚志會同民兵阻擊走之，陸軍號兵戴鏡泉陣亡。

中華民國元年一月一日，孫臨時大總統文就任於南京，改用陽曆，剪髮，禁婦女纏足。

二年改雲霄撫民廳爲雲霄縣。

先是民國元年，閩都督府諮臨時福建省議會，以奉京電有各府州一律改縣，請公同研討各等因，並由邑人吳績等代表請願於福建臨時省議會，當經省議會決議，以雲霄改縣，尚形利便答覆去後，復經民財兩司，暨漳州府知事蔡鳳機等，反覆詳商，至二年議始定。

四年設保衛團，六年撤銷。

七年二月，（舊曆正月初三日）地大震，倒屋及殘損三百餘座，死傷五十餘人，不斷輕震年餘。

同年九月粵軍營長陳紹鵬入城，羅縣長錦成逃，陳自任縣長。

九年滇軍在雲擄人勒贖，該軍夏旅長不能制。

同年溪口黃庭經組織聯鄉武力，抵禦不法軍隊，政府政令無法推行，後由漳紳調處，事始解。

同年十二月初一夜，匪刦塘坪社全順染坊，復刦濱江街布店，兩役當場獲匪各一名，於十年元月槍決。

十二年舊曆六月二十四日，粵軍陷城，刦掠兩月，至八月始退十四年八月建下坂溪木橋，高二丈，寬五尺，長三十五丈，十六年六月二十日水，橋圮。

十五年十月，縣黨部成立，以湯撫東爲籌備主任。

十六年商人造汽船成，名曰建東，川走汕頭廈門，嗣美成，福海，建南，三艘，相繼成。

同年方張吳三姓械鬥，搶毀小姓厝店器物，街衢險要，各築炮台，死者共九十餘人，傷者不計。

十七年四月，陸軍四九師師長張貞，派隊駐雲，拆平砲台，拘辦大姓家長及地方勢豪，並舉公正士紳調查小姓損失，勒令賠償，又設立地方善後會，治安始復，民衆稱頌。

同年冬，拆城。

同年整理市政，築舊米市至濱江街馬路，取名和平，嗣槐蔭，南強各路亦相繼築成。

十八年七月縣長林沛然設立自治區，開始編査戶口。

二十年水。

二十一年春，共匪攻陷漳州，漳浦，本邑人士聯鄉自衛，匪不得逞。

二十三年五月，改建監獄。

先是二十二年福州政變，縣長胡品三逃，獄毀，犯走，新任縣長沈滸治商議改建。

同年六月，漳屬著匪韓柳添，竄擾何地，馬團長鴻興率部拒卻之。

同年九月郵電局合併辦公。

同年成立財務委員會，以方聖徵爲委員長，二十五年改組，以方志賢繼任，二十七年改組，以張挺華繼任，二十九年財會取銷。

二十四年十二月翻印舊廳志。

二十五年成立倉儲委員會，以陳棻爲主任委員，二十七年改組，以張挺峯繼任。

同年匪焚寶頭石村，自是洞地，吉坂，頂孫坑等鄉，及內山一帶，連月均遭刦殺

同年八月，共匪盧信，吳金等數十人刦搶成利號，斃士兵一名，擄店夥湯魁死於途，同時一匪亦被市民擊斃，並傷其數人，地方鼎沸，幸民氣勇邁，秩序旋復。

二十六年九月，縣政府築防空洞於二宜亭。

二十七年抗戰軍興，沿海各縣，易受敵寇騷擾，汽車集中漳州，毀路斷橋。

同年四月十九日，東山獲日間諜片岡方，寄押雲霄，在獄病故。

同年五月初五六日，敵機連炸東坑鹽艇，傷小船三，七月十二日，敵機三架，炸東坑鹽艇。

同年五月二十九日，炮台山上掛警報鐘，以備疏散。

二十八年七月（舊曆六月初五日）鄉愚張以禮等，率衆暴動入城，即被駐軍擊斃兩人，（係防空哨兵方舜熙一人）未幾以禮等受捕，伏誅。

同年七月初九日，敵機於陳岱投十五彈，死男九，女二，童一，毀厝二十四間。

同年十月二十八日，敵機三架炸城廂投四十餘彈，約一句鐘，并以機關槍掃射，死傷甚衆。

二十九年奉令組織地方建設委員會，次第建築圖書館，中山紀念堂，抗戰將士陣亡紀念碑，及體育場司令台，縣長陳文照推行之力也。

同年成立社會服務處調解委員會，以陳棻為主席，三十三年改組，以柳濟川繼任。

同年平和轄龍頭村林姓攻陷羅地鄉羅姓下城村，殺二十二命，嗣經官紳調處息事。

三十年六月敵機於城區投彈，倒屋一座。

三十一年青年服務社開幕。

同年八月十二日敵人在詔安登陸，邑保安隊拔隊赴援。

三十二年成立物品供銷處。

同年十月九日，盟機在東山海面，沉傷敵艦各一艘。

同年十月十日，敵艇駛崗嶼，礁美，射傷漁民三名。

三十三年五月五日，縣臨時參議會成立。

同年九月雲霄高級中學成立。

同年十月福建第五行政區督察專員王笑峯，移節雲霄，以吳氏享堂爲公署；三十五年一月移漳州。

同年十一月五日毀城隍廟，以遺址爲忠烈祠。

三十四年三月十九日，盟機在東山炸沉敵艦一艘，越日又在古雷炸沉敵艦一艘，同年專員王笑峯築大路街及溪尾兩路。
同年敵人一部由廈竄潮，七月十五夜，突入本邑城區，越午四句鐘退走，我軍在上坑斫敵人一首示衆。
同年八月十日，日本以無條件投降。
同年十月九日，郵資加價，平信二十元。
三十五年四月市上拒用五元十元國幣，買賣以五十元起碼。
同年縣參議會正式成立，選方志賢爲議長，吳養廉爲副議長，省派陳縵雲爲祕書。
同年九月縣長徐炳文纂修縣志，成立修志委員會。
三十五年十一月十五日，國民大會開會於南京。
三十六年一月一日公佈中華民國憲法。

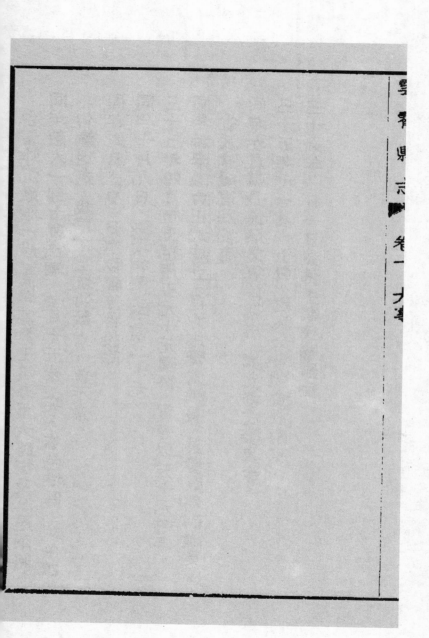

【乾隆】銅山志

（清）陳振藻纂

上海圖書館藏抄本

銅山志卷之九

災祥志

明

嘉靖十二年冬十月星隕如雨

十六年大旱自五月至明年四月不雨歲大饑

二十三年大旱

二十四年大饑

二十八年地震其聲如雷

三十七年有流星如斗自西及東隕於地聲如雷

四十五年五月有星犯月

萬曆四年八月孛星現

三十一年八月初六日大雨颶風暴作海濱溺死數千人

三十二年十一月初九日戌時地大震有聲踰時方定

三十六年五月十六日酉時大地震亥時乃

止次日地下發毛如絲

崇禎十二年四月初三日石在水中行五十餘

步人見異之為兒童指笑而止

國朝

順治五年五月米貴每斗價六錢餘民餓死無

數為與康美林三構難故困斃死特甚

七年歲饑米貴民情洶懼

八年銅與康美構禍來已故林三請雲霄鎮

王裕光攻打將勦銅民賴關帝老爺之靈靈

保全無恙
十一年歲旱自秋八月不雨至於明年三月
禾乃不登
十八年海鎮蔡祿叛投海擄城內外童男女
劫財寶珍玩而去不可勝計
康熙三年三月饑斗米價值銀三錢餘民有食
草根者是年遷移入界
五年九月十六日地震
七年八月白虹現於中天昏彗星孛於西方

月餘乃復

九年秋七月大旱

十四年三月彗星屢現

十九年三月米價騰湧斗米銀二錢餘彗星屢現晝夜有白氣見東南並烟射斗

二十二年有年斗米銀二分民氣和樂

二十三年有年但展復未久草木暢茂而有虎

二十六年有白環三連而貫日

三十年自春不雨至於夏斗米價值錢一錢五分民情不靖

三十六年春旱米貴

三十八年四月初八日申時有雨月相摩移時方合

三十九年秋八月不雨至四十一年三月乃雨

四十二年颶雨甚雨交作舟人溺死無數

四十九年大旱米價騰沸每斗值錢一百四

十餘文民情洶湧至五月初一日乃雨年
穀成熟
五十二年六月十九日未刻雷從文初廳東
屏柱起震
五十六年七月十六日颶風作徐連興洋船
在真君宮前擊碎鄉民撈拾銀錫貨物不
計其數
五十七年七月二十九日颶風大作商船漁
船擊碎甚多

五十八年李門吳氏以夫外出日食莫繼忍
將二男一女并己身四命溺死井中
六十年三月中午有白虹貫日邊自西而東
竟日五月臺灣反
雍正三年春旱至六月二十五日雨自是後不
晴成澇矣
四年恆雨連數十日不止斗米價銀二錢餘
鹽每斗銀一錢九分并無可買魚蝦殠爛
民困殊甚

五年荒凶三四月間米價日升至每斗錢二
百文老羸死者甚眾參將鄭公耀祖多方
救恤且為粥賑濟饑二十日活者功德無
量至六月穀熟即漸平價鹽貴如上年故
魚多而賤六年亦然

乾隆元年六月十七日颶風大作而回南更甚
民居房屋傾頽極多文公祠片瓦無存

五年亢旱米價騰貴每斗錢一百六十餘文

六年早穀大熟每斗米價銀五六分但不久

價復漸升

七年五月初一日日食既眾星俱明夜間彗星現六月初四日申刻又有黑氣摩日光三四个月旱米價騰沸

十年旱米價高騰每斗錢一百七十餘文

十三年七月二十三日颶風大作漁船沉溺死者甚多

十四年七月十四日夜海漲水高數尺

十五年五月番薯一〻文錢買二斤旱穀大熟

七八九三个月颶風大作淫雨不止晚稻失收米復貴八月十五日陳興瑞洋船在南門為風擊碎

二十年饑米貴幸八月以後番薯大麥大熟

二十一年五穀平然春夏多雨盤價又昂斗值錢一百文

二十二三年皆旱池塘乾涸未既不登番薯復竭死每年米價俱一百七八十文至二百有奇潮船載來番薯每斤錢二百零至

冬乃雨

二十四年春米貴如故典借無門賣妻鬻子餓死者不可勝言但麥尚豐收雖雨水過多猶有七八成旱田大有米價稍平

二十八年八月二十一日海魚浮水上或生或死大至四五十斤如伍魚金鱠赤魚鰻魚交力烏頰白頰之類小至小巴鯇江魚無不浮出捕魚者拾得甚多獨沙魚紅瓜不浮至二十四日大風發六七日乃止但

風來有漸船俱不害

五十年正月初一日日食是年米大貴每斗二百餘文至五百六十文五月後稍平每斗百餘文

五十一年十一月二十八日臺匪林爽文揥旗作亂

五十三年有民人陳廣飢甚烹食大頭龜魚毒死已身並乃妻兒三命

五十四年瘟疫大作人民損失數百人

五十六年三月初六日卯時地震極甚毀壞居屋甚多漳城内外老幼淹斃者萬餘人自七月米價潮貴日倍一日次年正月二日每斗錢七八百文左右民情大爲不安是年番頭銀每圓價一千二百餘文紋銀每兩一千四百文

六十年正月初一日辰時日食二月中旬中午有白虹環而貫日現於中天四月十四日未時有雨虹現於中天其色青紅相兼

三月初七日南風㪚發有匪船七十餘隻順風自粵而至至大澳行刼商船停留四五天始去

銅山志卷之九終

【乾隆】銅山所志

（清）陳振藻修　佚名增補

福建師範大學圖書館藏舊抄本

铜山灾祥志　明嘉靖十二年冬十月星陨如雨　十六年大旱，自出月至次年四月不雨岁大饥　廿三年大旱　卅年大饥　廿八年地震其声如雷　卅七年有流星如斗自西及东陨于地，声如雷。四十五年五月有星犯月。万历四年八月孛星见。卅一年八月初六日大雨，飓风暴作，淹溺死数千人。卅二年十一月初九日戌时地大震有声，踰时方定。卅六年五月十六日丑时大地震，寅时乃止。次日地下发光如丝。崇祯十二年四月十三日石在水中行五十余步，人见异之，为儿童指笑而止（载浦志）。顺治五年五月内米贵，价每斗六钱，饥民饿死无数，为与康美共三构兵，故困饿死特甚。七年六饥米贵，民甚汹惧。八年铜与康美构祸来已，故林三清云霄镇王禄光攻城，将郑铜以赖关帝若节之灵，保全无恙。十一年岁旱，自秋八月不雨至于明年三月末乃不登。十八年海镇蔡禄叛，海拨识城内外童男妇幼，财宝珍玩劫掠而去，不可胜计。康熙三年三月饥，斗米价值银三钱休，民有食草根者。是年迁移入界。五年九月十六日地震。七年八月白虹见于中天。彗星孛于西方，月余乃伏。九年秋七月大旱。十四年三月彗星复见。十九年三月米价腾涌，斗米银二钱余。彗星复见，昏夜有白气见东南，芒烟射斗。廿二年有年斗米银一分，民气和乐。廿三年有年，但疮痍未久，资本畅茂亭育庶。廿六年有秋，环三遭雨，赏日。卅年自入春不雨，斗米价值银一钱四分，民情不靖。卅六年春旱，米贵。卅八年四月初八日申时有雨雹，打摩移时方止。卅九年秋八月不雨，至四十一年三月乃雨。四十二年飓风甚雨到四十一年三月乃雨　四十二年飓风甚雨交作，舟人溺死甚数。四十九年大旱，米贵腾沸，每斗米钱一百四十余文，民情汹汹，至四月初九日得雨，年岁成熟。五十二年六月十九日午雷震文庙殿东庑柱起裂。五十六年七月十六日飓风作，漂逐洋船在真君宫前击碎，纪锡货物、乡民掳掠不计其数。五十七年七月廿九日飓风大作，海溪艇击碎甚多。五十八年李门吴氏以夫外出日食乏绝，将二男一女并己身四命溺死井中。六十年三月中午有白虹贯日，逾时而散，竟天四日各湾反。雍正三年春旱至六月廿四雨，自是后不睹成涝矣。四年恒雨连数十日夜不止，斗米价银二钱，零售每斗银一钱九分，并年乃买鱼虾奥烟，民困殊甚。五年春至三四月间米价日升至每斗钱二百文，若羸死牛甚众。参将郑公罗祖，多方救恤，且为粥赈济饥民。二十日活人无数。涝无量，至六月始熟，即渐平价，然贵如此年，收成多多，而减价，六年亦然。乾隆元年七月十七日飓风大作，雨洒南天甚，民屋房屋倾颓极多，文庙内瓦无存。五年元旱，米价骤贵，每斗钱七百六十余文。六年早收大熟，每斗米价银七六分，但将价复势外。七年四月初一日日食，昼众星俱现，夜间彗星现。六月初八申气又有星象，摩日光三四个月。旱米价腾沸。十年旱，米贵高腾，每斗钱七百足十余文。十三年七月廿三日飓风大作，海船沉溺死者甚多。十四年七月十四日夜海涨，水高数丈。十五年四日薯葛一文钱买二斤，早收大熟，七、八、九三个月飓风大作，倾盆雨，晚稻失收，米复贵。八月十四海决，瑞将船在南门击碎。廿年饥，米贵，八月以后，专赖番薯、大麦大熟。廿一年有年，五收稍平，然亦每两斗价钱一百文。廿二三年元旱，池塘尽干，禾沉不登，薯蔬后冻死，每斗米价六百七八十文，至二百有番薯，卫船载薯每斤钱二文，零至十二月廿三日乃雨。

廿四年麦米贵如故，典佑年门宾妻携子饿死者不可胜言。但麦甚丰安而小盗多

耗为此。本年早田大有，米价稍平。廿八年八月廿一日海鱼浮水上，或生或死，大至

四五十斤，小但鱼鳞者鱼鳞鱼，头多鳍头鱼，头类之类，小至小巴鲵，似鱼皆不游出，

捕鱼者拾浮甚多，独沙鱼红色不浮。至廿四日大风发，六七日乃止，但风未有断时，

时船俱不灵。五十年正月初一日日食，是年米大贵，每斗二百余文，至五四月每斗

文，至四日十四米每斗百余文。五十一年十一月廿八日，土匪林爽文称旗作

乱。五十三年有民人饥荒饥甚，食大头鬼鱼毒死，已身并妻儿三命。五十

四年瘟疫大病，人民损失数万人。五十六年三月初六日卯时地震极甚，损倒居

民房屋。五十九年夏大旱，早收失收，至八月十一日，飓作风雨，损坏房屋甚

多，淡水城内外老幼溺毙无算。人自七月米价渐贵，日倍一日，次年正月二月每斗

七八百文，民情大有不安。是年番银每员价一千二百余文，纹银每两一千四

百文。六十年正月元旦辰时日食二日，中旬中午有白虹而环贯日，现于中天四

月十四未時有両虹現于中天黄色青紅北出 嘉慶八年三月廿八申時有一紅
黄米焰從西南方有天降下墜成八角大井中星時井水異沸 十年三月初七南
風發將有艇匪船大小共七十餘隻順風俱乘而上直至大澳行劫商船停泊大澳
四五天及北風始回南下又九月十七日申時有両虹現于天中貫日自西南至東
北一時長乃化廿六日午時未地震十三年戊辰大旱早晚失收姜米大貴每斗價
三百文鹽每一斤七八文閏五月初八夜戌時地震声响九霄

【康熙】詔安縣志

（清）秦炯纂修

清同治十三年（1874）刻本

災異

春秋不書祥瑞而書災異又不書徵應而但書事彙叅使讀者泛觀有得無慮而不致其恐懼修省

爲識如五行志則事象徵應罔不列書且證之以經詳之以傳而及不得乎人之所謂歷代修省者以其比合傅附有驗不驗讖緯術數雜然見願耳舊志書災祥而書祥者止一二若又志異乎古蹟中非其倫矣今改而合之昔人論讀書有云誤書思之當是一適思不可得書何勞讀近人論詩教有云如冷水澆背陡然一驚方是興觀羣怨則凡災異若諸土而官于斯生于斯者時或遇之亦當作是觀志災異

明成化丙申丁酉歲大饑

正德四年蝗入境食禾稼時縣缺補知縣呂文相爲
文以祭之害亦滅息
十四年漸山上龍起聲如雷崖山塌裂深廣丈餘詳
山川志
龍不見石聲如戛銅盤每歲春分之月上登于天
朱羅願又云龍以四月之後乃有分域常從其處
遷于他所故有龍起之說此不知何時而漸山山
高而水深爲神物變化之所前志所傳理或然與
嘉靖八年三都生員鄭智妻一乳三子俱育是年饑
有司開倉賑濟

九年正月四都蚶淵口海面二峰並[illegible]其山忽然于

海中不見頃之三山並爲一峰騰空屹立有樓臺巍奐

之狀或浮或沉變態不一如是者三日[illegible]人駭觀[illegible]

嘗以爲蜃氣見云

次年[illegible][illegible]治識者以爲蜃氣之態按此即史記

云海旁蜃氣成樓臺是也蜃蛟屬似蟒龍有耳有角

背鬣作紅[illegible]望之刊若隱然如在煙霧高鳥倦飛

就之以息嘗且至氣輒吸之而下登州海中時有

之有宮室臺觀城堞人物車馬冠蓋之形謂之蜃

樓或謂之海市海中不經見今有之故異也是年亦大

饑有司賑如八年

十六年懸鍾所東門外有湖一口從來大旱不竭忽然乾涸是年本所軍民鬪訟兩敗始息河水復故

軍民鬪訟遂爲交搆之漸不息則爲亂階故地出變異以儆之可畏哉

十六年三月十二日午時雨雹小如米珠大如鷄卵有擲破人屋者二時迺止四都爲甚

三十七年七月初九夜有虎從懸鐘城南門扇隙越入縣東門城躍而出

十月二十四日紅水隨潮上近海居民取蠔食者多

死

自三十五年至本年倭寇荼毒殺人如麻紅水之

災殺氣太盛也後四年賊陷縣鎮城

四十年十一月冬至民俗舂白米為員煮之有變白

為紅者

四十四年二月初六日夜東北城上鋒燄出火

四十五年五都地方自七月不雨至來春二月井竭

人渴至有二里外乘夜汲水而飲者

萬曆四年八月孛星見

孛星一名茀星星旁氣孛孛然也公羊傳與郭璞

且以孛爲彗彗主除舊布新故晉書云日之精變爲孛月之精變爲彗是時以孛彗爲二星而天官書亦云朝鮮之拔星茀河戒兵征大宛星孛招搖則是孛星亦主兵革矣

二十八年閏二月十二日地大震地動坼絕山崩及徙川塞谿伏□澹澤竭八月二十日夜戌時地大震城倒三百九十餘堞壞屋傷人南鄉城亦圮數十丈是夜連震數次次日未時又震以後每月內皆震數次地上生毛

三十年大旱小斗米錢一錢十室九空民多饑死者

三十一年七月二十一日午時地震

四十年十月初二日申時地震

四十一年五月初七夜白虹貫月二十四日貝風大
雨淹民房屋數十間傷人及畜山谷之民家物罄空

虹者天地之淫氣亦水氣也貫于月是蝕月也月
令建午而虹貫月陰氣淫溢不能主故其應在颶
風大雨也

四十三年十一月初三日冬至卯時雷響數聲逾時
微雷有小雨

雷者陰中之陽也自子至卯積四陽而後雷乃發

聲月令雷乃發聲後五日始電雖雷電之合為噬嗑而冬至一陽之月也既不宜雷又益以電乖甚茲矣

四十五年水災大作淹溺多人

四十六年七月白氣見東方或云刀星至十一月抄方滅

按漢書云白氣見東方賊人將興之兆刀星按天文志即天鋒星一名玄戈星在招搖南主戈兵之應是年獞大作海寇袁八老作亂自是巨寇如楊六楊七鍾六李芝其劉香皆相繼荼毒海上殺放

無討此已先見云

天啟元年三都寨口村崎坑田出雙仁米

是年循良令周公治任已三年歲豐人和而與麥

穗兩岐事適相類亦一奇也

年二都龍起驟水漂溺居民房屋甚衆

崇禎八年二月十六日大雨雹平地水深數尺頃之

百重震傷人

雨雹春秋所謹必書雹之出而成實北方之氣也

中豐以爲古者藏氷固陰沍寒而無雹蓋陽無所

洩雹之所以生也二月雨雹當是陽氣大閉之過

前此有擲破人屋者而此兼震雷雨陽相薄其變
尤甚也

六月十二日寅時地震自東北至西南至十一月二
十六夜酉時又震

九年六月十三日太白晝見
按天官書太白之出不經天太白陰星出東當伏
東出西當伏西又晉灼曰日陽也日出則星沒太
白晝見午上爲經天也前史太白晝見不常書是
年北師薄　闕京省震動太白之見理或然矣

八月有大風起自東北損拆民間房屋無數而海濱

尤甚是年十一月大雨霜深滿尺牛羊草木多凍死

按埤雅霜陰剛之徵也霜集而後冰堅漳邑七氣倍熱王忠文清漳十咏有地偏冬少雪之句雖隆寒未嘗結爲霜者至是始見人家取冰剖劃作器具或爲峰巒明潤圭稜甚覺可愛而牛羊六畜多凍死深山樹木悉爲霜氣所壓經春猶悴自閩中而下至于詔安無不皆然亦氣候之一變也

十四年冬夜有巨星數十擁一大星自東行墜于西有聲震響如雷已上志災

今文昌閣帝君所乘騾絕靈異能夜于神座前騰踏

有聲古林鋪樟樹木所爲也木未伐時鄉人嘗于其處見一白馬往來其間即之不見鄉人疑其下有金銀氣累鑿之皆然後不數月魏帝君所乘騾于此取材焉神物出處固自有數也

初築溪東陂鄉人糜工費千萬不能成甚苦之有猴西姐者自言我能築此陂然須入水衆異之西姐果持刀躍入水中久之有聲若戰鬭狀持一大鱖自水中躍出鮮血淋漓西姐餓啖之衆陂遂成今溪東人春秋祈賽以猴西姐配食焉

鳳山在深藥龜峰先生樂讀書其上嘗有司更雄雞

爲狐狸張夫先生患甚獄應文移山靈云曰狐狸宜
投先生戶外蹤先生數奇與世隱遁山明正德中爵
梓溪謫提舉市舶先生謁焉舒芬先生檀石出贓盈
就大奇之乃薦于主司遂舉孫第爲先朝名臣其臧
靈正氣爲山靈所攝服如此
吳先生大成嘗于雲霄觀見陳王遷葬有黃旗一帶
自峰山頂直越于雲霄鹵海微茫鼓吹傳響山下人
趨觀之則雲霄爲陳王塋已屹立知爲王遷葬也
粟南詔塲瀕海將校陳敏嘗至某處從漁師得一魚
二丈餘重數十斤剖其腹一人偃臥其間皮膚如生

蓋新爲魚所吞者又紹興十八年有海鰌乘潮入港潮落不能去臥于港中時水深可一丈五尺許人以兵梯架巨舟上登其背猶有丈餘會歳大饑鄉人爭割其肉是日取肉數百擔鰌頑然不動次日有剜其目者方覺痛轉側水中其旁舟皆覆如是取肉旬日方盡饑民賴以濟者甚多其脊骨皆中米臼見夷堅志

龍潭水深不可測魚大者可數百斤小者亦數十斤鄉人常歛社錢市毒藥毒魚魚斃浮水面俄陰風怒雨漁人相顧失色或毒而雨藥不售者十之八明嘉靖癸巳遊齋時遇鄉賽與其鄉人復歛錢市藥將有事

于龍潭來舉先生方閉戶食有客請見衣冠容貌甚古先生亦不問其何如人也延之坐客問先生若鄉人將殺龍潭魚得命先生問無賤者然以口腹故殺無魚何罪惜先生宥之先生謝不敢云勿藥固無然鄉人事且其器與藥畢具恐雖某不能止也授以二麵果客喫之若悵然者久之別去而後兩日其村人樂大藥志于龍潭魚滿載歸村人擇其疲鉅者請吳先生剖之則腹中二麵果尚未化乃知向者客固潭中魚也

陳必舉九都人嘗得讖緯書能以符呪呪物又能知

甲戌年新刻

來來峯黃冠布衣遨遊江湖嘗一日于懸鐘心動遽歸至其家爲人語某當死家人請其期爲治殮具至明而必樂果死蔡保祿有陳異人詩云鄉人爲我言中有陳必樂諳毘通符呪能自知生死洞達天命因身世等逆旅化期云已逝先時造親仍訣別語諄諄胸懷無齟齬含殮器畢具鬮束辭兒女全歸不爽期廬同松喬處

明萬曆戊申二都地有虎妖狀如馬而虎文夜常至村落能呼人戶入而噬人彼此指數家男子悉豹持白梃夜候其至措擊之虎斃而張亦驚按說苑騶驤

食駮駮食虎駮之狀似駮馬而管子亦云駮馬食虎豹然則駮固猛于虎矣

明崇禎年間蠖雅村有一婦人寡處嘗于夜分得一人與私至則冷風逼室毛骨竦然不知其所從來也後婦面漸黄瘦若有孕然疑爲妖告之家人家人伺以燈藏斗中來則啓之其夜後來潛燈覘之果見一物從隙穴中遁去次早掘地得一蛇如斗大蛇蜒丈許乃撲殺之已而婦孕産一肉包包內蛇卵數十枚觸棄于厠中卵殼中有蛇乎形已具而目未開其異如此

崇禎年間大風拆壞民舍甚多有一村吹九頭六從風退走至二十里外方仆地斷聲已上志異

論曰災異舊志分而今志合讀是志者當思舊分今合之理又當思今合仍分之義蓋春秋書災不書祥志戒也古者遇災而卜師有規工有諫瞽史啇夫庶人以泰以馳以走夙夜實廪廪焉天之意若曰令人喜不若令人懼此不志祥而專志災有至理焉小序已言之矣禹鑄九鼎象九州之神奸怪異伯益註山海經皆荒外所不習聞事夫天地大矣何所蔑有古今遼矣少可多怪漆園氏云六

合之內論而不議六合之外存而不論此又決異于炎之意也夫

陳蔭祖修　吴名世纂

【民國】詔安縣志

民國三十一年（1942）詔安青年印務公司鉛印本

詔安縣志上編卷五

大事志

詔爲海疆邊邑當閩粵要衝有時或山林嘯聚或淵藪逋逃奸宄恆多出沒爲前明受倭寇之患最慘至清之咸同間匪亂頻仍叠遭兵燹其間治亂之相尋必有妖祥之先見繁霜爲告變之象反風爲彰德之徵休咎原默相感召有識微而知著之君子參觀而得之則藉以儆省乎人心而挽回乎氣運者所關顧不大哉志大事

寇亂

舊志分兵燹上寇爲二類志賊附書一今從縣例統爲大事一門

元至正十九年南勝畲寇李國祥合潮賊王猛虎陷南詔新置萬戶羅良率兵討敗之復南詔舊志元太祖至元十七年叛賊陳弔眼陳桂龍陷漳州殺掠村傳疊萬戶府知事闕文興死之既而陳弔眼出走陳桂龍逃入畲關十九年征蠻完者都平陳弔眼賊巢按弔眼賊巢及桂龍所透畲間即屬之烏山十八洞等處南勝畲寇係其餘孽竄亂殆十年間重叠年爲順帝十九年復創詔始平

明正統十三年鄧茂七倡亂沙尤十四年其餘黨楊福漳浦志作楊福榮率衆數萬攻陷漳浦諸邑圍漳城既而賊圍南詔城八閱月耆民涂腭許尚端沈胄等嬰城固守卻之詳見拓城記並列傳舊志謂十四年年鄧茂七作亂寇汀漳漳寇乘之攻圍南詔城按一統紀一鄧茂七江西建昌人初名雲投人亡命入閩要害化收衆黑陳正宗正統十三年反自稱閩王求設正

詔安青年印務公司承印

罪伏誅因茂七氣不可調先使龔雄尤溪沙縣朝廷以大興師征勦無功十四年正月賊敗延平二月中丞張楷設伏浮橋大破之茂七中流矢死三月閩賊悉平據此則十四年正月茂七棄延平二月敗死吾鄉無寇漳閩通志并舊志寇漳閩部乃茂七之黨偽稱其時茂七已死其黨猶倡亂如此涂府等拒作八月明證府云三月閩賊悉平矣非實錄也

宏治十七年十月十五日有賊百餘人詐稱公使入城殺傷甚衆擄七十人以去

嘉靖二十五年白葉洞賊陳瑩玉劉文養據洞寇閩廣二省兩穎軍門檄平和知縣謝明德率典史黃璵詔安典史陸鈇以象湖小篆鄉兵討平之詳關隘

三十五年有倭寇自漳浦六都登岸屯住江頭土城流刼詔安焚掠無數詔倭患自此始舊志作漳倭患自此始誤據府志漳倭患自二十八年始

三十六年十二月有倭船泊於浯嶼尋擾潮州澄海界登岸襲陷黃岡土城刼掠詔安地方

三十七年三月有倭寇數百人自潮州突至三都徑尾村屯聚殺傷男婦二十一人。五月倭刼五都東坑口土樓殺掠五十餘口。十月賊突至銅山攻水寨東坑畬一帶焚掠尤慘。十二月倭由四都至縣治四關外燒燬房屋二百餘間殺死男婦一百餘口又連刼港西土樓殺掠五十餘口本年百戶鄧繼忠督兵與倭遇於深田隘擒其從賊來歲等四人斬真倭首級二顆三十八年二月倭寇數千自潮州來屯住西潭村燒燬房屋一百五十七間擄男婦九十口殺死四十三人又攻破岑頭七圍燒屋殺人無數。十一月有倭從分水關犯黃崗

三十九年六月三都溪東村頑民鐘宗桓等爲亂逼攻縣治知縣龔有成撲滅之本年九月內饒寇張璉陷二都赤嶺寨燒屋殺人不計本月又攻大布寨

四十年二月三日倭自東里大城移屯四都死者相屬於道先是倭陷黃崗瀛菽移屯三都溪南葶陷大城至是移屯四都。是月饒寇突至縣北門外擄掠男婦以去後總兵俞大猷督兵剿捕副千戶許瀚陣斬其僞將詹總兵等賊鋒披靡翰論功陞欽依銅山寨把總本月倭寇屯住溪東村突至西關外燒屋殺人。三月倭寇數千屯住三都土樓等處知縣龔有成召民兵與戰被殺死六十餘人自三月至五月劄住東關外分夥焚刼。十月倭屯下美村圍後溪寨知縣龔有成發鳥銃手助之死守二十日圍解

四十一年六月海寇許朝光犯懸鐘所。十月倭寇數千攻圍本縣木柵知縣龔有成禦退之本月二十二日海賊吳平引倭賊襲陷懸鐘所城百戶羅倫等被執千戶周華死之（朝光本姓謝饒平賊許棟殺其父擄其母育朝光爲子驍桀跋扈遂踞㵼嶼等處饑朝光伏兵殺棟求撫朝光又爲萬莊黨夫所殺吳平本縣四都人爲人短小精悍有智略幼爲群兒）

詔安青年印務公司承印

戲部署號令皆如法曾爲人奴其主陷若平平逸爲盜掠其主母以壺鑿開孔令裸身塗米身勵壺灑水淋漓以爲樂同知許朝光捧豐乾食一年諸賊皆畏仰之

按倭陷縣鎮舊志府志俱以爲嘉靖四十年事考明紀則四十一年倭陷福建永寧衛四十二年冬十月倭自廣之南澳來會攻詔縣鎮肅赤高異

四十二年許朝光自銅山登岸攻圍詔安土堡殺擄六百餘人。是年梅嶺賊林國顯寇潮屬之上里家具一空國顯饒平人據小尾老港徽人饒碧溪寶南澳自居梅嶺村人皆從爲盜乃拓營賊巢欲舉碧溪以居廣東避會稽孟總兵船至碧溪殺掠無厭國遂逃入倭勾引倭奴以掠閩廣莅延爲海害二十餘年

四十三年倭突刦點燈山白葉洞等處百戶鄧繼忠討之擒其倭呿吱嗻吃嗻等又有流倭突至金溪東西沈等處千戶張鳳㵫督兵勦禦同梁知縣家丁梁錫等擒其眞倭四人通事一人又斬倭四級。五月賊吳平假以招撫爲名入據梅嶺堡刦掠各村拆毀房屋數百間截問梅嶺搆僞賊巢先是俞大猷討平平僞受撫既而盡食必殺已乃叛挾殘倭自劫城渡江刦掠復上鼓三城海上縱橫南澳浯嶼閩至是營巢梅嶺

四十四年吳平謀入梅洲土堡刦掠一空五月攻破厚廣土堡六月又統賊數千圍攻縣城燒毀木柵及西關外房屋知縣梁士楚禦退之本年巡撫汪道昆決策命戚繼光討吳平旬日賊縛其梟爲陳豫卿獻于師諸軍夜從間道夾進大破之賊遁入南澳繼光追擊之俘斬萬五千人平潛遁都司傅應嘉把總許瀚等率舟師追至交趾洋而還平屯梅嶺四出擄掠勢甚猖事聞閩廣兩省會兵勦之

大廣賊黨先自陷帥廳豐潦浦平得諜報集浮海集百餘艘所探澳絡秦自守或言東界入欲謝官黨劫其營平恐令分哨掠之方藏十五艘先行拜過成將軍探哨兵船部司傳聞窮奧嚴擬其二舟既而降其黨潛通嚴光令鄉邑由宮猪澳間道抵雲澳體免盧萬傍兮三千人挫尖蓋寺尖刎事拜且急且隨一夫伴斬三千餘平急乃以小舟渡濠堤殺兵夫奪其鎧衣甲遁出嶺南追至乎仙居蘇旁官兵見其衣號以為兵也遂奪漁船徑抵海島後不知所終「一部圖判病言」謂平變姓名浪遊江湖有人識見其鮮衣怒馬在京浙間為大賈平矢其面人無識平者後復歸故巢據取所藏金寶西去東里志謂把總許瑞招賊林達國欲以擒平平尋遁至興化淪洲山中其黨掉漁舟數之遁去歷跡潮泉間蘇州府志謂平在海島抱枯樹而死篤嫂頻門食盜南澳者則云擁於安趾屬安界其餘不聞

四十五年三月吳平夥黨林道乾等駕五十餘艘自走馬溪登岸攻陷五都山南村後又攻廐下村焚殺不計。本年吳平夥黨曾一本等船百餘艘自泊浦澳登岸刼擄港口等村林道乾潮州人

初為府吏弄法被吳平為賊黨脅八年總督殷正茂勦之道乾赴水死餘黨屍或言道乾平死餘王富尚海島中見前志

隆慶二年九月曾一本夥賊刼掠饒平詔安縣境副總兵張元勳領兵由陸路截殺于鹽埕斬首三百餘級又大敗曾一本于大牙澳斬首三百餘級

三年五月曾一本誘倭千餘泊船于雲蓋寺柘林等澳閩廣軍門會兵船勦之曾一本澄海人潮州府志作詔人

賓人聚衆賊寇攻掠閩廣隆慶元年乞撫之未幾復叛據深澳與吳平舊巢揚艦日甚詔大征三年閩廣總督劉燾總兵俞大猷郭成李錫等會勦行令諸將量地里以定先後審風潮以分奇正擁捷舟以殺賊勢嚴哨捕以防奔突據要害以防逃遁戒妄殺以全脅從申軍令以明節制分布既定初擊大捷山岸隨之再擊敗賊

鎮澳又勝之俱擒斬賊懷伴溪管從郭敏又擊賊梁蕃澳岩大破賊巢府一本羽死戮其屍邊境始安集案按府志倭禍自嘉靖二十八年起至隆慶三年止凡二十年譜明史謂倭亂閩中首尾七八載至嘉靖四十三年爲俞戚勦盡倭患始息非實錄也

五年廣賊楊老以巨艘三十館來泊南澳月餘謀犯閩地僉事梁士楚督同海防同知羅拱辰登兵船追殺之

萬曆三十二年海賊嗣四老人犯知縣黎天祚擒其二魁縊殺于城上以徇賊平

四十六年海賊袁八老駕大船數十隻沿劫本縣海濱地方

四十七年袁八犯南澳副總兵何斌臣調寨遊兵及防倭哨船於澎山雲蓋寺柘林等處三面犄角出奇設伏又於取汲處置毒賊不得水大困遁白沙湖後受撫袁八名進福安人

天啓四年賊首麥有章沈金目等在烏山橡仔林等處聚黨結巢穴流劫各村堡夜至縣城外焚掠不數月百戶易彌光率官軍同鄉民討平之詳關隘

六年海寇楊六楊七等船百餘艘直至縣鎮勝澳卸石灣等處燒兵船二十餘隻仍登岸焚燬居民房屋店舍四十餘間沿劫海濱地方殺戮無計民按府志以崇禎元年楊六楊七崇禎二年爲鄭芝龍所殺

崇禎元年鄭芝龍由廈門入據銅山未幾就撫受遊擊尋遷副總兵同時海上諸賊俱爲所併。

是年五月初三日海賊周三老駕船百餘隻泊卸石灣港內登岸焚屋六十餘殺傷二十餘人擄去十餘人後賊衆直抵懸鐘所北城下吶喊城上矢砲交下及鄉兵設伏合攻遁退。本年有賊數十人駕小艇直至城外東溪劫擄人人莫敢敵後自退去。五月初七初八等日周三老賊船奄至內港象頭仙塘東崎頭西崎頭等處焚掠甚慘西崎頭土城內人多遁去僅存十四人賊盡屠之

六年海賊劉香有船千餘艘沿劫詔安懸鐘各處殺人無計十月初十夜劉香駕船二百餘隻泊卸石灣登岸焚屋三十餘間擁至懸鐘北城下城上射卻之（劉香漳浦人鄭芝龍敗香於粵東田尾遠洋香赴海死收其部衆降）

七年有紅毛番船泊銅山及五都地方焚殺甚慘後被官兵縱火焚之船燬被擒斬無一人還者

十六年山寇余五姐犯四都縣所官督兵迎戰於牛沙埔武生沈致一林愰甫許和公陣沒兩印官亦陷焉黎明縣衆盡發七村精銳衝鋒徑搗文家寨賊營奮奪以歸。是冬賊崔馬武迫城劉營西沈夜守陣者擒諭蝶奸細鄭公覲梟示賊解去

清順治元年賊葉積掠吉林西潭等處聞官兵急追遁入廣

詔安青年印務公司承印

二年鐵冠通縣境土寇應之八月十五日官兵剿賊於章朗埔漳潮司舊址殲之先是民間有漳潮戰場讖語至此始驗

三年自元年至是年江南福王監國唐王相繼自立紹武永曆濟負嵎之險隊將事兩敗址四月初六夜賊襲縣城殺隆武所署正官朱由樹郡宗室慕長搜括城中蓄積無遺午後舊弁陳留山黃興汎弁胡仲樾各帶丁壯鄉勇至賊壘挾無心戀戰各尋便墜城遁援兵自城西南角上賊亦有就擒者。是年鄭芝龍降子成功入南澳收芝龍散卒附者日衆

四年成功在南澳遙聞故明永明王朱由榔即位肇慶文至即奉永曆號遂自南澳入同安踞廈門浯州卽金門兩島

五年春大饑借名起義者殺防將馬守惠知縣林蔚亦被挾見殺。二月賊首江醫肅黃興舊志作黃朝興闔南陂堡民林朝翊率族人附守賊解圍去。四月明池州推官沈起津西金人進士同時許祚昌浦人太僕卿闔漳浦將圖恢復遊擊唐欽明禦退之舊志是時劉師馬至官民編事敗民有屍如山積事蹟少定錄貽者劉懷謙牛皮從事內圖賦民租限隔天日者十餘年鐵兵如雲劉賊僞敗據師處如故

六年成功在銅山漳浦守將王起俸謀叛事洩棄家從舊鎮入銅山成功受降授鐵騎鎮尋改正

兵鎮紀偉西人既降歙縣騎射劉馬耳審御賞功假馬如匹銀偉始同柯宸樞聯絡銅山等處募兵措餉五都八林

日灼鼓衆拒之爲甘輝所滅成功令黃廷柯宸樞守盤陀白紋兵下紹安屯分水關是年永曆遣使至封成功爲延平公

七年三月總兵王邦俊平詔安二都山賊。五月九甲萬禮以其衆數千來歸按萬禮即張要平和琯溪人號手百姓苦搭餉之虐殺盟懼萬禮姓率衆歸二都。六月王邦俊奉憲復浦詔撤統大隊進戰遂復雲霄詔進師黃岡

十二年賊毀城池縣治及學宮公私廬舍萬餘區是年春賊將黃梧等陷溪南堡擄殺如洗堡牆亦盡摧平

十三年九月六日清將馬得功領兵至八尺門排渡欲攻陷山張進偵知遣黃元郭奉棟統衆來敵得功歷揮軍欲渡悉被奉棟踞險攻擊死傷甚衆得功見其有備遂抽師回

十五年正月萬禮賊艘覆沒沿江寨堡城門盡閉破青山磁灶等二十六堡皆精騎奄忽可及之地官兵竟無遺一騎赴援者是年永曆在雲南遣使封鄭成功爲延平郡王

十六年成功入犯金陵二都環沙寨餘黨江勝廣等密結响應已尅期發矣南陂鄉約林時偉術報毆令以亂作禍亦及鄉就近馳報饒鎮吳迅發合勸修親鄉導寨潰元凶就縛饒鎮俱幸安

詔安青年印書公司承印

堵是年成功金陵兵敗兵歸廈門

十七年正月成功偵清將軍達素來攻馳檄南澳忠勇侯陳豹備船防敵蘇利許龍又檄銅山忠匡伯張進出熕船於宮前避颶以作南澳援師藩守八尺門砲臺以備陸路渡江

十八年六月鄭將蔡祿郭義二鄭人謀叛欲挾忠匡伯張進以行進知之自焚死祿義俘掠銅山子女以萬數哭聲震地死者相枕藉遂入雲霄營就撫鄭經在廈門據祿叛銅山報即戒嚴隨遣黃廷杜輝等下銅山陳豹在南澳聞之亦整舟師東會祿繼知二祿師動被入尺門并渡通師南海鎮公貫柄調總兵王進爲督師駐剳鎮旗分副安營遊擊劉進忠渡江後擒祿繼任叛祿掠至其城由八尺門入營駐黃廷陳碩率師登岸復將分道追剿及以洪天祐黃梧相繼守銅山者自鎮守各島是時銅山餘黨有逃島山結巢流劫者賊魁蔡四等相繼擒斬解散救脫幽囚男女一百餘人黨爲按仔掠銅山衆據營害事舊志隱其名且指爲十六年事非實錄從閩從府志及通志錄二書改正○是年九月遷沿海居民以垣爲界蓋自懸鐘以至五都銅山皆墟其地先是縣任潭守房星燁之弟房星曜倡遷移之說以說當軸於是大臣蘇隊官蘇御史李之芳親勘隊不可留中毛遂合著爲豎沿邊居民盡徙內地從及二界以繩直之其間多有一宅而半棄之者後山開濠溝闊二丈餘名曰界溝溝內築短牆四尺餘名曰界牆逐汛兩用大木椿柵五里相聯於高埠處置炮臺外設二烟墩二三十里設大營盤日則瞭望夜則伏路有警則一墩烟起左右相應貨物不許越界稍踰跬步者殺無赦

康熙元年鄭成功死

二年十月清師攻厦提督馬得功死之鄭經棄廈門金門走銅山

三年三月鄭經自銅山遁入臺灣周全斌遣心腹將沈吉送子入賀尋從鎮海衛投誠（吉本縣三[illegible]人[illegible]）

十三年四月潮州劉進忠反本縣亂兵殺防將（是年[illegible]靖南王耿精忠[illegible]）

十六年二月清師自泉入漳三月三日分師海澄令馬三奇賴塔督兵南下浦詔人民迎至韋期

分水關有進營把守者乃劉進忠之別將也劉屯縣城候令進取四月鄭經仍分所屬沿海駐

劄銅山五都詔安南澳等處皆所守屯

十七年十二月再議遷界（[illegible]）

十九年二月鄭經還歸臺灣（[illegible]）

詔安青年印務公司承印

更聞鄭經遣使人說服劉本貴對是見乃天貴私與臨時相顧失色天貴云歸然登從有二心乎擲本還營未幾偶與軍中船緩事卸恨貴臨文子貴登爲不絕口父子皆沉殺海據過傷鼓船被搖銅山子女玉帛盡歸於賊獲平臨縣兵富

二十年鄭經死。是年展界瀕民悉還故土復業

二十一年五月總督姚啓聖率官軍至銅山候風出洋以攻臺灣颶風不利皆逃官兵歸汛

二十二年靖海將軍施琅會各鎮官軍發銅山遂破澎湖七月清師入臺灣鄭克塽降克塽縛子自

是漳人無復侮患

乾隆七年七月十九日二都白葉村奸人陳作倡亂聚衆可湖埔城市人民逃竄殆盡遊擊聞上

達堅閉守城尋督兵捕得首逆誅之餘黨盡散

三十五年正月溪雅村奸民李少敏謀爲匪先事捕獲立誅

六十年十月有匪艇入雙登岸殺澳擄婦女十三人以去尋有放回者

嘉慶元年五月有賊艘二十三隻登宮前村焚燬房屋銅山守備陳瑞芳鄉勇沈昌率衆禦退之

殺賊一人

十年二月有阿七嫂匪船八九十艘遊弋南澳洋面刼掠濱海人家三月一日五十餘艘搶進懸

鐘港內刦商船十三號近海諸村老稚婦女相率逃去官兵丁壯協力守禦初四日賊船出港千總吳聰把總吳高督禦甚力鎗砲連環擊折篷桅賊死者數十人兵死一人賊用壓魅法令裸婦壓砲遂脫去。是年六月初十日朱濆賊艇七隻泊懸鐘澳伺刦適南澳哨船三十餘號突至鎗砲齊施賊死者無數賊艇自焚一隻擒獲五十餘人交詔安縣解省誅之

已上續舊志雜志下附新增

咸豐三年四月初七日同安轄雙刀會匪黃德美陷海澄駐防遊擊崇安死之連日賊衆分陷石碼又陷漳郡典史曾三視汀漳龍道文秀死之旋殺漳浦典史潘振烈死之是時文報不通各屬地方擾亂盜賊徧起民無納税官不能治詔安以紅白旗啓釁禍延尤甚自城廂內外以至鄉村道路輒多阻梗尋各處漸次收復黃德美匿島嶼楊爲訓導黃倫等率族衆搜獲之并其叔黃大筊及諸股匪解廈門磔死報聞官威始振詔邑始平

同治三年九月髮逆李世賢由汀州永定一路竄入漳境連陷平和南靖及郡城大肆焚殺總兵祿魁汀漳龍道徐曉峯知府札克丹布龍溪知縣鐃世叙府學教授池劍波子曉大使池驤經歷張徵庸陳宗元遊擊沙春榮死之。二十五日賊結土匪由平和攻詔雲霄是時詔得警報

詔安青年印務公司承印

即傾鳩民兵戒嚴屢與賊戰于雲霄界累斬賊首告捷

四年二月十九夜賊由平和間道龍過間直趨二都至詔之良峯山初至捉本邑鄉民以口齊呼北城開門守陴者慣防未敢造次急用火礮擲下欲晃城下露裹紅頭賊中傷驚潰民兵奮勇即縋城追殺斫其首而回由是賊遂駐紮良峯山圍不下。三月初六日賊于西北隅挖地空城陷官民悉遭焚殺知縣趙人成典吏姜錫安署漳潮巡檢方顯廷守備金占前熊署詔安營守備沈龍韋把總葉勝[illegible]吳殿揚任林錫添死之邑中官紳士民兵役婦女孩童同時殉難者四千多人（計自去年九月詔安關隘官兵嬰城固守已逾七月糧何援盡絕人皆免飢餓血書于身云地莫非王土臣莫非王臣孤城竭力誓殉萬身綠綠黃賴擁衆萬人坐視不救寄聽良屆聽任陷城詔官紳及官民同死殉節哉詳列傳并祀典志）

四月二十一日按察使王德榜陸路提督郭松林署浙江提督高連陞記名提督黃少春署浙江衢州鎮劉濟亮記名提督楊鼎勳署水師提督付玉明等各率所部分路進攻郡城各關以次收復。五月初一夜王師復詔安賊急逃竄至二都爲鄉民擊殺殆盡越二日會粵軍生擒侍逆伏誅餘匪多薙髮投誠

宣統三年九月革命軍光復省垣報聞知縣韓克謨倉皇莫措召集各界討論辦法駐軍管帶王

德寶前臨宣布響應革命并由各界僉舉韓智權縣篆

災祥 舊志書災始自明成化丙申丁酉蓋緣漳浦志也其時詔屬漳浦凡嘉靖十年以前漳浦災祥歷皆與焉今綴葉志從府志中摘錄餘惟從指明漳浦某地如開元中漳浦梁山祥雲見之類地既非今屬詔轄不書

宋乾道六年旱 從府志增入

元至正十四年大旱 從府志增入

明成化丙中丁酉歲大饑

正德四年蝗入境食禾稼時隸漳浦知縣胥文相爲文以祭害亦旋息

十四年漸山上龍起聲如摧屋山傾裂深廣丈餘今其蹟猶存

嘉靖七年甘露降松柏上如霜餳食之甘 從府志增入

八年三都生員鄭習妻一乳三子俱育是年饑有司開倉賑濟

九年正月四都蛇洲有海與三峰并列頃沒于海三山并爲一峰騰空屹立有樓臺雉堞之狀或浮或沉變態不一鄉人駭觀如是者三日識者以爲蜃氣見云其年設縣治或以爲蜃氣之應 是年亦大饑至春夏熱山竹生實如米採之饑民賴以供食有司仍賑如八年

詔安青年印務公司承印

十六年懸鐘所東門外有河一口從來大旱不竭忽然乾涸是年本所軍民鬭訟兩年始息河水復故

三十六年三月十二日雨雹大如雞卵破屋二時乃止四都爲甚

三十七年十月二十四日紅水隨潮上溯海居民取蠔食者多死自三十年至本年倭寇荼戮殺人如麻紅水之災殺氣太盛也後四年賊陷懸鐘城

四十年十一月冬至梅嶺林家爲白米粉丸次早欲熟以薦啓函皆變血色未幾奚平據其村

舉匿舊志依康熙志增改

四十四年二月初六東北城上峯尖出火

四十七年五都自七月不雨至來春二月井水皆竭

萬曆四年八月孛星見

二十三年七月十九二十兩日大風雨潦壞民廬舍銅山毀屋拔禾從府志增入

二十八年閏二月十二日地大震八月二十夜府志作二十三夜戌時地大震城倒九十餘堞壞屋傷人南澳城亦圮數十丈是夜連震數次次日未時又震以後每日內皆震數次

三十年大旱小斗米銀一錢十室九空多饑死者

三十一年七月二十一日午時地震

三十六年二部有虎妖如馬而虎文夜常至村落能呼人戶入而噬人被戕者數家男子張豹持白挺夜俟其至搯斃之虎殪而張亦斃

四十年十月初二日申時地震

四十一年五月初七夜白虹貫月二十四日颶風大雨渰屋傷人山谷之民家物罄空

四十五年水災大作渰沒多人

四十六年七月白氣見於海上東方（府志作八月）或云刀星至十一月抄方滅是年瘴大作海寇袁八老作亂

天啓元年三都濛口村崎坑田出雙仁米是年循良令周公治任三年政豐人和與麥穗兩歧事適相類

閏 年二都龍起壞水漂溺居民房屋甚衆

崇禎八年二月十六日大雨雹平地水深數尺頃之有雷震傷人六月十二日寅時地震自東北

詔安青年印務公司承印

至西南十一月二十六夜酉時又震

九年六月十三日太白經天是年北師薄闕京省震動八月有大風起自東北拔折民房無數

海濱尤甚有一村吹九頭牛從風退走二十里外方仆地而斃十一月大雨雪積冰厚一尺半

羊多凍死 舊志作大雨雪深數尺又云此來舊誌所載當屬始見蕪志按圖誌本舊誌所紀亦無滿尺之雪歷人不出門冰結雪三者已屬不常爲可笑

今從府志

十二年四月二十三日銅山有石水中起行五十餘步

十四年冬夜有芒星數十擁一大星自東起墜於西有聲如雷

清順治五年大飢米價每斗六銀錢

十二年二月二日有三暈狀如連環

康熙三年大飢死者相枕藉嬰兒皆棄於道

十四年八月十五夜颶風忽起大木盡拔民居屋瓦飛去

二十六年大熟米一斗直錢二十文 已上六條從府志增入

四十年大旱禾苗盡枯

四十四年春夏大旱溪河井水盡乾民食草根木葉九月大水暴漲山田多崩陷

四十九年大旱

五十年七月十八夜地震九月又震

六十年三月白虹見於天中有孛星見月餘乃伏十二月雨雹小者如米大者如豆

雍正元年夏大雷雨有怪物在東南海中湧起黑雲一道騰空向西北去所過瓦屋飛碎樹木振拔壞東北城樓北門池水盡涸池魚飛至良峰山頂是夜大雨如注

四五兩年大飢人民瘟疫枕藉於道

又雍正間（忘其年）有大星飛西南尾長竟天光芒照耀忽伸忽屈狀如草書逾時方滅

乾隆元年有虎患

七年正月上元後彗星見於東北至二月上旬乃伏是年二都奸民陳作倡亂五月初一日日食既衆星俱明夜孛星見六月四日有黑氣摩日光

八年十一月彗星見至次年正月上旬尚存

二十三年漸山出火光焰燭天逾時乃滅

三十五年山邊村黑雲騰起溝水沸數丈須臾淋雨驟至

四十八年四月三十日雷震大成殿

五十六年三月初五日夘時地大震有聲如雷鼓盪三時方定次年正月二十八日地復震

五十八年六十等年七村及二都等處多虎患村民傷死者百有餘人

五十九年三月六日有物首闊尾狹長五六尺色赤似火從西向東徐飛經坂美村而去是年八月大水

六十年二月十四日白虹貫日盤蓋如環同時青紅色之虹縱橫天半者四自午至未方滅是年大饑五月間斗米錢一千二百餘文

嘉慶元年三月一日雨雹大如彈丸

三年十一月亂星縱横如織移時乃定

六年溪月生員林揖家雨紅水

十年三月十六十七等夜月初升時色紅無光

十二年八月望後有星孛於西方市垣至十月望後始伏

十三年三月大風拔木有黑雲一道從江畝阬起飛過厚廣山縣北二十里一帶雨雹小如拳大如斗所中行人立仆損壞屋瓦大木無數　五月三都沈庵一男甫產髮長寸許雞之復長

閏五月初八日戌時地震

十六年七月將曉有彗孛於東方八月既望初昏星又孛於斗柄指太微垣西行度漢越河鼓至十月乃伏

二十四年七月颶風大水連次繼作大木多拔沙壓腴田無數水災之害為從來所未有

道光七年銅山黃忠端祖塋有人謀侵隙地山石忽成苔字若黃山黃界等字凡八九處

咸豐元年五月廿日風雷震地大雨淋漓宮口海嶼口商船遭擊破漂沒者以百計

同治三年七月初七日風雨大作山川崩裂樹木飄折連日水災五次東溪堤決三官堂竹林寺等處俱淹沒

十年至十三年數年大旱

光緒七年辛巳夏秋間有彗星見於西北方至冬乃漸伏

十年甲申七月颶作宮口商船有漂沒者

福建青年印書公司承印

十七年辛卯八月廿一日颶風大雨交作城池崩陷民居及船隻樹木損壞無數

二十年甲午七月初十日雨淋地震亥戌兩時又震

二十一年乙未十一月申時地震戌時又震

二十六年庚子七月地震二次

二十八年壬寅七月廿夜颶大作翌午乃止

三十年甲辰七月十三十四十五日夜連雨不止大風拔木至十六日海潮與溪潦相激城內外水驟湧一丈餘居民廬舍沉浸三日崩倒無數沙龍埋及通濟橋俱被衝決男婦溺斃十餘人至十八夜東沈堤崩陷水勢稍下爲詔邑向來未有之水災

三十二年丙午八月望後風雨連日大作洪水冲崩洋尾橋頭岸膜田被沙壓者甚多

宣統元年正月朔日食

【康熙】平和縣志

（清）王相修　（清）昌天錦、藍三祝、游宗亨等纂

清光緒十五年（1889）楊卓廉刻本

災祥

災祥之應史不一書所以謹天變也兆禍萌極可以觀政守土者慎焉平和設縣以來其祥其異盡爲掇入因一事以凜未然之大防也天人類應明明不爽若獵異聞君子恥之

明正德己卯秋八月地震

嘉靖乙酉歲大稔

戊子甘露降于松栢上如雪鋪食之甘美

己丑十月朔白虹見

辛卯慧見西方踰年始沒

壬辰慧見東方冬盡乃沒

十一月雨雪尺餘

癸巳甲午歲大熟

乙未夏旱秋大水

戊戌春三月地震

癸卯秋清寧里龍見黑紅色飛入雲際自北而東

移時乃沒既而大雨

甲辰歲歉大饑越明年冬知縣謝明德行和糴法民賴以濟

是歲并已卯俱有虎患知縣謝明德告祭天地躬率徭人張機弩射而去之八曰除虎暴易除俠暴難爲殲林平云

丙午歲大熟

丁未戊申已酉頻年有秋民無盜賊服毒虎狼之患

戊申三月二白虹頭貫日中其長竟天知縣謝明德據觀象占云白虹貫日主大臣少師事

隆慶庚午六月大水

萬曆戊寅十月連己卯歲大稔

戊子三月慧星見西南數丈三閱月始沒

庚寅春旱秋大風大水溺人無算

壬辰地震

甲午六月大風

戊戌六月二十日大雷在東廂外陳孫家起適幼孩在轎中轎飛出屋外打碎孩跌在地無恙

庚子八月地震有半時之久聲似雷響有風無雨

東城牆垣倒十五丈

壬寅三月蘆溪生員葉鳳登家水牛被獸咬傷令人宰殺見牛肚中有石三四十個大如卵白如綫有兩眼藏于家無有識者次年登死方知其爲不祥

壬寅十月甘露降于栢葉及竹葉中東至大小坪北至蘆溪西至大溪南至磜山取而嘗之其甘如飴三日乃止

癸卯十一月初九夜酉時地大震自東北起由西南去連震三次至戌時方止滿城搖動城東北角垣壞八丈有奇次夜寅時又震

是歲大稔
甲辰夏暴雨三日大水
丙午六月雲霄海上龍見其日甚光龍頭足俱露
約有半時之久向晚雲霧起而大雨注
戊申春大旱冬大熟
己酉冬大雪
辛亥大熟
丙辰冬十二月十八夜有雷大震自塔子山起至
教塲後
丁巳夏六月大水蓮葉徑後埔謝家住屋後山崩

一家九人盡壓死遂埋其中因名九人墓

戊午春正月大雨雹堅如圓石打壞人家房屋無數

冬十月有慧星出東方自二更出至五更以漸而高其長竟天

天啓辛酉壬戌二年熒惑入南斗數月不退

壬戌冬十月地大震連日夜動搖

癸亥夏六月白虹見

崇禎戊辰春大旱夏大水高山崩裂如深谷說者謂山帶淚痕

庚午夏大水漂流人家房屋田地無數

辛未夏大饑知縣袁國衡賑濟冬大稔

壬申癸酉俱有秋

甲戌春有五虎爲患近藪附縣山林傷人畜無數知縣王立準祝告城隍山人遂殪一虎兩虎自斃兩虎遠遁其患遂除邑人朱龍翔有滅虎記

丁丑春有雷自西教塲曾家墓樹起火有字人不能辨

夏有雷自北門外養濟院後樹中起火至下午不滅居人皆就點雷火

龍木類也其飛騰必附木而上故語云龍非尺木不能升天或云龍額有尺木無則不能升天未知孰是

國朝順治二年乙酉六月朔日食旣白晝如夜

按驗日月食者必以日躔月道之交驗之月不行黃道止行其餘八道但此八道皆斜出入于黃道之內外故謂之九道月一歲凡十三次經天則二十六次出入于黃道之內外而與日會通而計之一百七十三日有餘而有一交于此時方有食而有食有不食者從邊而過或小有

虧縮故有食有不食也蓋日月同在一度相遇則日爲之食在一度相對則月爲之虧日月相値乃相淩掩正當其交處則食而旣不全當交道則隨其相犯淺深而食日輪大而月魄小故日食時在下望之南北不同每千里差一分東西不同每千里約差數刻如京都食七分閩廣則食既矣若月食則天下皆同無分刻之差又月體十五分則盡入闇虛而亦有食二十六分六十秒者蓋闇虛體大于月更進十一分有奇乃得生光也叔孫昭子曰日有食之天子不舉

伐鼓于社諸侯用幣于社伐鼓于朝公羊傳曰日有食之以朱絲縈社或曰脅之或曰爲暗恐犯之故縈之社者土地之主日食者土地之精上數于天而犯日故朱絲縈之助陽抑陰穀梁傳曰天子救日置五麾陳五兵五鼓諸侯置三麾陳三兵三鼓大夫擊檄凡有聲皆陽事也以厭陰氣荆州占曰月食后自擊鼓者三中良人諸御者宮人擊撽救之又日食天子射日月食后妃射月或云日食時開弓射日其箭可以射鬼魅妖邪夫春秋日食必書以爲災也但以日

月之行度考之交會則食亦其常耳似與人事無與也故所載甚畧惟康熙二十四年元旦日食五十八年元旦又食所值之時爲獨異耳

五年戊子大饑米價每斗銀六錢餓死者無數

七年己丑又饑

十年壬辰秋九月大水雲霄將軍大臣二山俱崩

康熙七年戊申夏六月大風雨水漲丈餘壞廬舍淹沒人畜禾稼不可勝計新磨社漂去土堡人畜俱盡

十三年甲寅春三月晡時有黑光大如日起自西

方沖日直上至中天復回沖日如是者數四與日摩盪良久乃自西而下二十餘日乃沒

二十三年甲子秋九月朔大雨雹自衙署至北隅大者漸至如壺東西南隅俱如彈子大損壞禾稼最多北郊尤甚

二十六年丁卯雲霄營兵陳五妻一乳三子俱育

二十九年庚午夏四月清寧里馬溪龍見大風雨屋瓦皆飛樹木盡拔人家畜牧攝起數丈溪水從龍而去數里斷流

三十年辛未冬十二月雨雪一日山樹俱白水則

盡氷是夜飛鵝蔽天

三十八年巳卯有鳥大如鵝色黄黑止城隍廟既而入廟後棲案上馴而不驚兒童競取小魚餔之數日飛去或云海風作則大鳥至

四十一年壬午冬不雨至癸未春知縣李𣈹坊民步禱于南郊見蛇兩頭搭殺之雨立沛

四十三年甲申大雨水自北關外溢至西關漂去石橋頭店屋十餘間溺死二十二人

四十四年乙酉夏大雨

四十六年丁亥夏大水雲霄城壞四十九丈廬舍

漂没不可勝計

四十七年戊子秋八月朔日食

四十九年庚寅秋七月大風雨樹木盡仆海水驟漲颶風大作淹没附海民舍一千八百五十餘間

流民載道

五十三年甲午春譙樓災

五十七年戊戌秋大風雨河水暴漲城西北隅壞百餘堞

冬十月漳屬各縣有蟲食禾稼殆盡和不爲災

五十八年夏麥秀兩岐

論曰天道與人事相徵應蓋一氣之感通也故和氣致祥乖氣致厲水旱之有關于民生者雖天地之氣數而其來也有由然矣至于鳥獸之創見草木之不經則亦化育之適然而無足語于重輕之數者也

(清)姚循義修　(清)李正曜等纂

【乾隆】南靖縣志

清乾隆八年(1743)刻本

南靖縣志卷之八

邑令滑梁姚循義[illegible]編輯

祥異

天道遠人道邇自古難言之然其灼然可見者不容誣也蓋天人相與之意徵諸往蹟以鑒將來亦君子恐懼脩省防患未然之深心也志祥異

元至治三年九月大水

泰定三年九月大水

至正十四年大旱民飢

明永樂五年夏旱

正統十年十二月癸未地日夜連九震鳥獸之屬皆辟易飛走山崩水湧地裂石墜公私屋宇攢壓無數凡百餘日乃止

成化二十一年自春徂夏積雨連月田廬禾稼損壞甚多

正德五年旱

嘉靖十五年大旱蝗起

嘉靖十六年又旱

嘉靖二十四年二十五年俱大飢

嘉靖二十六年大熟自此連歲俱熟

嘉靖三十九年七月大水夜驟至黃井村居民有
全家漂沒者

嘉靖四十年旱

嘉靖四十二年五月大水損壞人畜田廬無算

嘉靖四十三年六月大帽山鳴三日夜　秋復大
水淹死男婦五十餘口漂流屋舍二百餘區

嘉靖四十四年永豐里雨雹大如鵝卵折樹碎瓦
觸傷人畜
嘉靖四十五年院前阡垣等處池水滚起尺餘
隆慶三年四年連歲大熟斗米二十錢六月大水
十二月十七夜星隕有聲
隆慶六年五月十三日五色雲見西北
萬曆元年程溪民歐氏生子六手隨死　十二月
十六日五色雲見西方
萬曆十八年六月颶風大作自辰至酉拔木飛砂

居民屋瓦飄蕩殘而水至牆屋傾頹

萬曆二十三年有白鷺數百羣集縣治遶樹飛翔經月始散是年更復城邑僉謂其兆云

萬曆二十四年七月十三日五色雲見東方

萬曆二十五年八月十三日泮池城濠水無雨自漲三尺餘

萬曆三十六年正月疫自三月不雨至六月人凋米貴

萬曆四十一年五月大水

萬曆四十五年六月大雨連日夜不止水漲溺者
無算

天啓七年飢

崇禎三年七月大水

崇禎五年三月有二啓明並起相聯

崇禎七年歲大稔

崇禎九年六月一日地震　十一月大雨雪積水
厚一尺

崇禎十二年八月大水　十二月初一日大水禾

稼登塲悉被漂去

崇禎十五年八月十四夜月明如晝半空有聲如

大鳥號鳴

國朝順治二年歲大熟

順治三年五色雲見

順治五年飢斗米銀六錢

順治七年飢十二月二十六日寅卯二時地大震

順治十一年十二年俱飢

順治十八年有白燕雙集文廟飛鳴數日是年陳

常夏會試第一

康熙五年六年連歲大熟斗米二十文

康熙七年六月十八日大水官報田廬淹沒災傷者察免

康熙十一年徑口居民郭維一產三男

康熙二十六年歲大熟米直二十文

康熙四十年四十一年連歲大旱

康熙四十八年二月有雙白燕飛繞學宮是年蔡
世遠擢南宮選庶常歷官禮部侍郎
康熙四十九年大旱飢發漕分賑
康熙五十二年四月廿七日大水田廬淹損甚多
雍正二年浮山居民劉照一產四男僅育其二
八月初八日大水淹過文廟半壁 聖殿內配
哲神主皆浮出獨
先師神主屹然不動衆矜爲異
雍正四年五月大水城𡍩于水衝塌若干丈沿城

馬道十無半存是年大飢民多採樹葉雜食之

雍正五年八月大水有颶風從東南角起明倫堂騰空直上數尺壓訓導張芳浦夫婦其下越二日水退名役夫揭去瓦木視之相對怡然自言如夢初覺不知恐也

雍正八年七月大水竹員總中與社衝壞堤岸百餘丈廬舍田疇沉沒以千百計溺死男女十七口有若孝陳顒陳繼盛二人母妻兒俱淹於水二人棄妻兒冒水獨抱救其母得存活縣尹金

鼎錫勸詳 列憲捐金賑恤給區褒獎

雍正九年八月大水衝壞田廬無算城西北角崩五十餘丈縣內水驟加漲七八尺溺死男婦五口淹壞倉粟四千餘石

乾隆六年十一月白燕雙巢馬坪許氏家廟明年許本巽登進士第

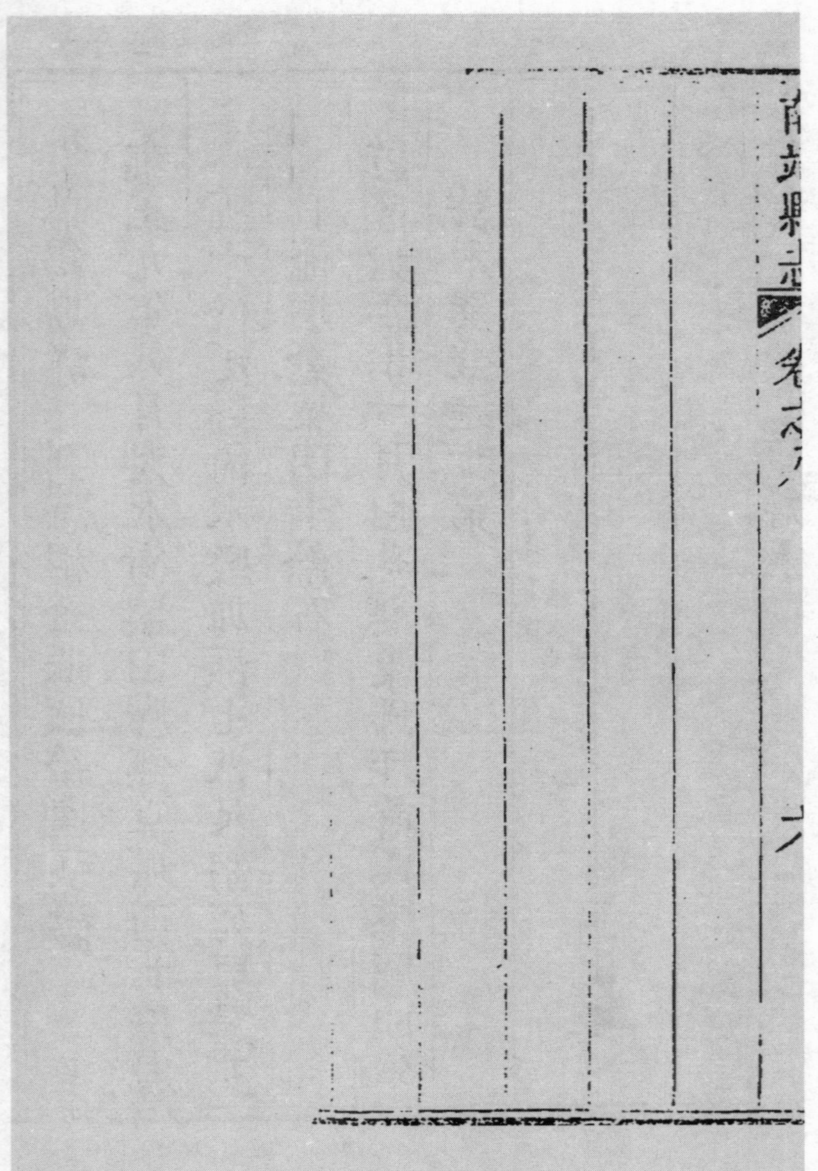

（清）佚名纂

【同治】南靖縣志

抄本

災祥

十五年南靖天旱蝗起二十四年南靖大饑三十九年七月大水庭至井村民有全家漂没者四十年春夏旱穀貴四十三年六月縣北大帽山鳴三夜利水大漲男女五十餘口漂民廬二百餘區十月後巖院前阡陌等處池水滾起尺餘四年夏六月初六日烈風暴雨洪水漂没民居不可勝數郡南橋壞十二月十七日夜南靖星隕鳴如雷是年南靖程溪民歐氏生兒二手隨死十八年六月大水四十一

年五月廿六日大水民田盧舍粟員甚多泰昌七年大饑崇正三年七月十五日大雨如××三日洪水至漂流盧舍甚多順治十八年南靖有白燕雙×××廟飛數日康熙四十八年春有雙白燕飛繞学宮五十二年四月廿七日大水沿溪田園盡没雍正二年浮山居民劉熙家産四男僅育其二八月初八大水溢至文廟半壁四年五月大水城桓衝決若干丈沿城馬道悉崩壞五年八月南靖大水有颶風從東南角起明倫堂棟瓦騰空直上數尺壓訓導張芳浦夫婦其下越二日水退揭開視之安然無恙咸以為異八年七月大水中興社衝壞堤岸百餘丈盧舍田疇沉没以千計九月八日復大水衝壞四盧無算城西北角崩頽五十餘丈淹壞倉粟四千餘石乾隆六

年十一月有白燕雙巢馬坪許氏家廟明年許李選登進士第正統十四年沙九冦鄧茂七倡亂其黨楊福率衆數萬攻陷正德九年廣東賊冦漳州始至不滿九十人後依附々自南靖流刼長泰安溪永春卅九年十一月饒賊蕭雪峯犯南靖縣知縣殷伯率兵與戰遁去時各處共被倭饒殺掠草冦乘風竊發郡無寧土四十年五月南靖土賊流刼漳浦攝縣事同鄧士元平之六月廿日夜雨靖有奸民王叔統等潛引饒賊攻城知縣殷伯固廉其狀夫擒之賊張璉襲陷南靖縣執攝縣事龍溪縣丞金璧尋釋之四十一年三月初三日饒賊復入南靖縣城散刼村堡有生員陳一德罵賊不屈死未幾張璉遁回賊巢總兵俞大猷追々々々副千户許瀚討擒之嘉慶十一年

五月龍溪南靖乂乂奉恩旨散給貧民一月口粮 十二年六月二十

七日颶風大作飛生員林繼之以雨歷數時之久同治三年九月十

三日粵逆偽侍王李世賢由永定汀州竄陷南靖典吏使司徒炳死

之

【民國】長泰縣新志

鄭豐稔纂

民國三十六年(1947)鉛印本

長泰縣新志卷一

大事

鄭豐稔纂
王啓宇協輯

衣必有領網必有綱所以便提絜也纂修之業則昌黎韓氏所謂提要鉤玄者將無同馬遷史記以本紀為全書之總匯亦以開後史之先河方志大事蓋濫觴於此本縣舊志不志大事祇摭拾災祥寇警命為雜志於義無取茲編仍本雜志中之尤切要者益以近今庶政民事諸興革咸大事志一卷至地震星變暨靈芝甘露諸不合科學之紀載概予刪削非故立異亦求無戾於史法云爾

唐

僖宗乾符三年置武德場文德元年改武勝尋改武安

爲本邑版圖見紀載之始

南唐保大十四年初置縣命曰長泰隸泉州

宋

太宗太平興國五年改隸漳州

高宗紹興十四年十二月汀賊華齊入寇安撫司将佐趙成等擧兵滅之

紹興末年流寇攻石岡寨邑民蔡君澤擊破之

徽宗崇甯元年旱

孝宗淳熙十三年楊勍等五百餘人突入縣境鹽商廖官沈射等同時竊發韓總管擊降之

理宗紹定五年汀寇陷城

嘉熙二年邑令鄭師中增築土城爲四門

度宗咸淳二年山寇攻城邑令陳春伯率民兵三百擊却之

元

順帝至正五年賊萬貴何迪立圍天成寨邑人蔡淳(後以功陞正尹)

攻破之

十四年汀賊入寇燬官民廨舍

十七年主簿陳文積築土城並建縣署

二十五年三月泉賊二千人入寇知縣蔡淳擊却之

二十六年正月畬民邱大老糾衆入寇福州路達魯花赤脫歡漳州路

總管高傑合縣兵平之

二十七年山寇蔡子貴竊發邑人於石岡山築寨以避之

明

太祖洪武初年築石城

二年知縣鄧清重修縣署泐縣令箴於堂

縣令箴文云咨爾多士各司厥官政不欲猛刑不欲寬寬則人慢猛則人殘寬則不濟猛則不安小惡毋為涓流成池片言可用毫末將拱禍既有胎福豈無種鏡不自照祇能鑑物人不自知從諫勿咈慾不可縱貨不可黷黷貨生灾縱慾禍速勿輕小人蜂蠆有毒勿輕小道大車可覆勿謂剛可長最剛者亡勿謂柔可履履柔者恥剛强有時柔弱有宜時宜克念願在深思不恕而明不如不明不通而清不如不清無為惡小無遂善名保此中道無所不成過客箴士冀申同聲如山之重如水之清如石之堅如松之貞如劍之利如鏡之明如絃之直如衡之平

宣宗宣德五年林震狀元及第

英宗正統十四年沙寇鄧茂七陷城焚民居

孝宗弘治四年漳平賊温文進陷城副使司馬垔擊平之

十六年七月水

漂沒民居

武宗正德元年粵賊寇漳泰民被害尤衆

世宗嘉靖二年廣東及汀漳盜新大總入寇漳通判施福泉經歷葛彥

陷賊知縣歐典迎戰於旌孝里長埔坂敗績

四年大有年

八年正月元宵觀燈譙樓前自相踐踏死者百有七人

同年吳田蔡世美惑繼妻言殺其子

二十四年八月水

漂廬害稼

三十四年四月虎災

欽化里羣出害人

同年知縣張傑夫初修縣志

聘朱素庵爲纂修

三十七年冬知縣蕭廷宣續修縣志就張稿踵而成之

三十八年三月倭寇三千餘焚刦善化里四月圍城知縣蕭廷宣擊却之邑人盧岐嶷記云己未春傳言倭寇犯泉州諸縣先攻惠邑令蕭廷宣召集士民議城守之計生員王守梓張鴻鵬陳廷諫薛繼宗條陳城守事宜十二策蕭侯擇而行乃疏濬城濠多造鳥銃備火藥給彈中垛浚府借用慣習銃手六十人分助諸垛城垣舊無敵樓俄設敵棚于女牆之外以便覘寇起矢石棚上設胡梯外挂牌版塗之以禦火攻設巨石滚木以防賊登城外來殺皆趨入城中使野無所掠四月七日戊申倭寇烏餘寶蓋去城二里許分為二營候下令賊聲東擊西守陴者奮鬬于其處賊鼓譟別選遊兵數隊隊各百餘人覘賊所攻以爲應援遣生員王得麟楊原鄉陳廷諾王守梓盧岐嶷林搢張鴻鵬閱兵非番休憩之翌日己酉賊鼓譟薄城城中屏氣皆寂急攻城西南城外有民居賊據其上發鳥銃射城中死者十數人俟換臨備署振懸金給賞盧禎林搢王守梓陳邑人王廷草等犒賞鼓之士氣自倍城中壯士發二矢連貫二賊賊自卯至午攻不休遂以雲梯等城蟻登壯士林當和揮刀砍殺數人賊乃退賊復以十餘人共舁一門板緣梯而上遂與攻傷一賊斷其臂觸擊落不退乃推巨石壓之死者數人衹說言爲内應者二人投其首城下賊懼乃退是時城中方憂内應每巷嚴十家爲甲家出丁一人共爲一伍以伺非常懸燈燃火和柴往來者城垣之外擲燃火炬或繞束新投城下以防匿伏内外光如晝賊不得窺伺更者挨初更二更即止俟天明乃接五更收之以換其期選卒十數人夜執器械長三尺餘以竹爲之而碎其末守陴者俟賊到以機弩擊之募壯士縋城而下從西南隅民居賊不能爲害火器無所施是夜偷者數人潛入賊營賊方熟睡其魁首三人爭側燃火炬燒死坐廳中佯爲不覺偷者知其無謀其金首穴其旁鑿所擊婦女而還半衰賊復薄城西賊首麻延襄經而來城中灑石灰以壓之漸近城下鳥銃一發而斃賊從登西香山革山而佯爲伏實所中遂不敢復登賊首驛馬指揮城下壯士發彈弓中其右目斃之賊復斷雲梯蟻附而登以擲鐵汁滾之中者皆焦爛移時乃退既復以事爲論急攻城西北守陴者縋石擊其脇賊後死者數人蓋先陰所殺賊後遣數百人是夜賊知城中有備欲以虛聲恐嚇乃益加鼓譟自夜達旦城中人皆曰賊技止此矣無能爲也寂然無譁坐擊析援鈴如故賊技窮不敢薄城執鈎引者數人責之曰此中人兵驍敵何謂弱也而遊我耶投而尸之城外越翌日癸丑退擄掠遁遠方守城時蕭公日夜勞苦以身帷士卒中巡行更勸邑寺人巨室皆日具酒殽以犒守陴者民無勇怯皆効力誠壹少婦皆運磚石擊賊上下輯睦是以成功從圍借帥師兵城城下百姓悉官兵不無

旣而倭過橋掠殺與賊通閉門拒不納蕭侯與諸生陳廷諳等登城責數之怒起雖賊禍底旋畢蕭侯竟不免諸生何昭代菲挑以海旁者其生平此時人所諧然出涕者也自古忠臣義士出身以徇公家之急不蒙矜卹之賞而被枉誣之禍覽其遺事能冶嗟嘆忠見排見之乎近讀輸臺新纂城中事宜因而有感焉安不忘危故備錄之以告後者

三十九年三月倭寇千餘焚刦高安等處十二月復刦掠旌孝里

四十年三月倭寇二千人焚刦人和里董溪頭京園等處四月復寇石銘里塔兜洋山五月復寇人和里鄉兵與戰死者二十餘人同月攻張欽翼土堡鄉兵斃賊三

同年六月海寇合横洋賊逼城勇士林周夫等擊潰之

四十三年虎災

林前鄉一家被噬男女七人

穆宗隆慶三年大有年

米一斗值二十文

四年六月水

漂沒田園四千餘畝房屋亦多毁壞

神宗萬曆十年知縣方應時修縣志

十八年三月虎災

北門外咬數人

十九年獄變

舊記云十七年善化里許氏從公饒衢際行省其志與邑中惡少交通欲以某夜出不意襲城而據之謀泄就兵戎陽縣城備知淡白其事于縣時推府羅公心充以符部至刻期大獄即命令尹公學詩遣人捕獲鞠之反形已具加三木馬繫送于府當道者不欲以地方生故開囹圄之法質非爲獄僚于泰國中四知上人懷其肆無顧忌乎集亡命與餘黨來執獄者覺爲前謀連結百兵爲應約以期日夜並舉約者誤期二月之晦遂殺獄卒突入衛衙尹公砍數刃尹公家屬先一日歸獨與老蒼頭二人及醫者以身翼蔽公僅於得不死而賊以爲尹公死出攻民居遂焚倉演武綵大火從減焚藏倨城戍殺人大喊以韜衆當擣者至則肆城焚而賊亦以非仍不至賊非獄非囚　適日中義勇兵燈進者所擒受死杖下戍家首備公擄附邑無得脱者先時變起巨測邑人膽裂心悸且不知令存亡况憑無固志遂司馬呉公經以左翼受居閣便即立起負劍入時尹公及符某所在或居民無敢動弟寨市中閉門以防府害賊走即令從諸者當代兵民其権而自達人持飭解以纔卒故不移時而俘盡賊向微義公則民罪走自縣死而賊復成矣夫匹夫而忘生不顧奉命不驗首就戮仙終當日非統卽寸斯無以騰邑人紫冠其說是豈之諸材承可終乎小必誌語豈虛哉因紀其事

二十七年知縣管橘續修縣志

四十二年六月水

東南城女墻皆圮下里田廬蕩析上里堤岸衝決次年饑

四十六年風雹

拔木毀屋

熹宗天啓六年夏饑米價四錢一斗戴封翁旋困穀千石平價發糶全活無數次年又饑賑如之思宗崇禎十七年三月闖賊李自成陷北京帝殉國福王即位金陵改元弘光封鄭芝龍為平國公金陵敗唐王即位福州改元隆武芝龍國公如故

清

清世祖順治九年正月鄭成功率衆攻城四十七日圍始解令傅永吉死之

邑人葉先登紀略云壬辰正月十四日海逆鄭成功既得海澄督兵攻長泰衆號十萬于十八日至城下圍三匝令傅永吉紮駐防守總劉運平兵民上城守禦民貧富守禦富者量其上中下給米養之將前令鄒文初所製佛狼機砲百子炮鳥銃大小千餘件於[illegible]備足用分派四面堞口賊來從炮傷之無算賊死亦多人心稍定賊遍泉州二副戎馮君瑞王進即王老虎率諸將萬人散統兵來從城半道設伏擊之潰為兩後王副戎入漳馮副戎繞道入邑人情稍安邑近郊多[illegible]賊砍[illegible]填濠高于城[illegible]夜虛費為副戎急[illegible]戰于女牆上[illegible]爲砍炮擊之又殺敵死士夜始[illegible]城奇[illegible]其[illegible]賊計窮乃運大銅[illegible]頭于東南隅攻打炮彈入城高堅壁無不摧[illegible]者[illegible]其彈大如小千原人洶洶無固志會建寧總戎王某赴平副戎高守貴同[illegible]副戎王進合漳郡兵三千來援搗其背賊為[illegible]散復截兵進城未[illegible]總合圍如故[illegible]頻日夜攻打東南城垣坍二十餘丈賊有紅旗隊善戰于塌城鼓噪而入王進率親丁驍勇者齊其[illegible]持刀砍殺傅令[illegible]戎率[illegible]射之[illegible]主戎賊乃卸西門王家有大木欲蓋祠堂王進備木豎柵以竹籠布袋實土堆積城缺完而傅令方[illegible]賊時已為流[illegible]

賊不可殺矣已人既食盡往持哀而且恐賴四大將在相與竭力支吾賊巧計百出復于東北隅城下潛穵地洞納硝磺其中三月初五昧爽地洞磺發如天崩地裂闔邑震驚賊兵蜂擁如履平地視羣賊直籠中物耳忽西風大作城石被磺力沖騰半空中者遇風反從其擁樹退擊壓死者尸相枕也抑似有天焉者於是賊知民爲不可攻遂撥營宵遁四鎮兵追殺二十餘里獲器仗無算後詢其實眾時十萬有奇去時不滿五萬直疫死者三之二砲石死者三之一矣兵民在圍四十七日死傷不下二百人然公私俱竭矣

十一年鄭成功陷城城石被折

令方鎮復其城

十四年清丈

丈量全縣田園地

聖祖康熙五年大有年

米鄉斗值二十餘文

六年大有年

富民粟支六年

九年至十二年鬧虎災

十百爲羣踰垣入室八里鄉民遭呑噬者千餘人小村至無人徑

十七年五月十四日早鄭經攻城城守黃輝開門導之入九月總督姚

啓聖遣偏師從溪西擊之

邑人葉先登紀略云六月海澄復陷于海寇令員吳純防守遊擊傅弘烈急會紳士耆老商團練討兵羽書入郡請兵協守郡兵未即發而賊艘已集北溪道梗梗絕令與遊擊激勵士民魁以忠義士民僉曰有壬辰之先擊在前日十萬衆圍四十七日尚無恙今其恐焉邑人無不振奮一以當十時在城駐劄而有海澄公標守備黃姓提議劄將戴偕議分門防守邑城惟南門最受敵傅遊擊自當之東門則黃姓任焉西北二門依山險鐵嶺龍回香爐斯忍顧保此二門以報效分派既定各矢天日以身責成令尹與葉先登疾瘁竭籲神黃居中學博士歐金聲康輝正廷莊來城上巡督日傳餐在枕甲至十四日從辰南城上進見戈船泊岸傳遊擊厚縣以纜頃之既[illegible]般舍南而聚來城下金鼓喧聞城上寂然無聲不鳴而城門已大啓揭牌而進兵城非不堅守非不力變在須臾誰職其咎寄視士民之悟心則守御何今夏大相逕庭耶令尹方逃至東北隅開閘倉皇入民舍有爲靈霈者擧之出晝伏夜行間道逃投大帥三坤次徐手爲黃義後兵設爲黨難平始脫歐博士劍重而頃孝康輝縣民逃往山間傳遊擊被從剿刖刖手足被歸兵戕被戕至三岔河投擲舵者遁挂入郡境制撫公大加獎賞越九月暴城始撤毀爲墟自夬至復凡百日邑中男婦遭屠戮擄掠者難以更僕數公私蓄藏蕩盡擄子女玉帛俱歸于壹三百年來未有也事定議功尊始嫁黃姓以謝邑人亦何益哉

按清初鄭成功父子仗義遺海抗拒異族至今猶有生氣然兵行所至擾民亦在所不免當時紀載猶爲逆寇自不能諱其失寄本紀根據事實而從文書之例其紀略則仍其舊僅失實也

同年夏六月水

民居漂沒下里尤甚

十九年饑

斗米價三錢次年同

二十二年知縣王珏修縣志

聘葉先登爲纂修

二十六年大有年

三十四年七月夜虎入城

四十年八月二十六日水

緯絲潭崩漂沒民居下房社同日溺死甚多

四十一年蝗

四十二年令易永元斃奸民戴慶於杖下

治其招集亡命之罪

四十三年正月初一夜縣前譙樓災

四十六年六月初一日水

漂廬害稼

四十九年米貴

鄉斗百二十文

五十年安溪奸民陳五顯嘯聚太湖巖本邑鄉兵劉平之

漳州古宋承印

五十七年八月初一日巳時大風雨

同年九月初十夜賊薛合等四十八人潛入縣署鷄鳴遁兵壯擒四賊斬之越三年薛合始伏法

五十七八年至雍正初虎災噬人百餘

五十九年十一月初四夜縣治前巷頭街火燒市肆十餘間都諫坊狀元坊俱燬

世宗雍正元年清丈

二年五月初十夜大風旱禾僅存空穗

三年六月二十七日水東南女堞皆沒城上可撐船視康熙五十七年更高三尺

四年米貴

斗百三十文亂民藉饑刦掠令張崇仁捕治乃止
是年八月初五日縣堂額折胥役壓斃七人縣令亦遇難
五年四月饑
民掘草根充食
高宗乾隆五年十一月二十八夜東郭火災
延燒城樓及市廛百七十餘間
七年饑
米斗百二十文
十一年重修縣署及譙樓
知縣李得御倡修縣署及譙樓孝廉楊新基董其事翌年成
十三年五月初三夜烈風雷雨
傾碑拔樹
十三年五月饑

漳州吉家承印

米斗百二十文

十四年大有年

十五年春知事張懋建修縣志

聘平和賴翰顒任總輯

三十六年七月初一日恭順里角人硿地陷

寬三十丈長三里許十尋之樹沒不見杪二十三人埋焉

仁宗嘉慶五年林墩上下林兩族械鬥

蚪囝祖墳爭執禍延全縣數年不解聯上林者旂端飾紅纓為包聯

下林者旂端飾紙錢為齊遠近傳為包齊之鬥

宣宗道光四年虎災

方成里陳婆山羣虎為患花洋一帶噬三十六人

九年編保甲

全縣三萬零九百七十七戶十五萬六千八百零三口

十九年始用墨西哥銀圓

文宗咸豐三年四月水

巖溪墟店塌壓斃數十人

同年四月初十日雙刀匪黃德美陷城典史亢家駼死之

穆宗同治三年清丈

同年十月十九日太平天國軍陷城

太平天國侍王李世賢軍由浦南潛師陷城知縣陳畴殉難民死七人

九年孟春知縣游念祖重修縣署

德宗光緒四年知縣[illegible]建文明書院於羅侯山兼作考棚

十年林墩民林糾作亂官兵剿平之

十四年六七月疫

始發於城廂日斃三十餘人旋傳染鄉村棺木供不應求爲空前未

有浩劫

十六年冬大雪深盈尺三日止

十七年十月螟蟲害以溪東洋等處受害最甚

十八年冬大雪積數寸

二十五年始用毫洋

二十六年四月台人高大扁賴乾等嘯聚於東蔗樓總兵謝遇奇率隊剿平之

二十七年螟蟲害稼

同年六月廢武科

二十八年旱

稻歉收有採薇充飢者

二十九年四月鼠疫

城廂死亡甚衆

同年始用銅片每枚當十文

同年五月三十日水

衝決枋洋圩堤

三十年興辦學堂

科舉廢知縣王思聰改文明書院爲長泰高等小學堂

三十一年五月二十九日水

石室社塌屋二百二十四間男女淹死五人

同年六月知縣王思聰重修縣署

三十三年禁鴉片

設去毒社

三十四年九月風雨

狂風暴雨交作一晝夜拔木毀屋淹沒田禾全縣損失極重

宣統三年十二月二十三日革命軍由角尾入城知縣吳朱煜逃陳錫朋為縣知事

中華民國

民國二年董道尹帶隊蒞縣查禁煙苗

民國三年二月十一日雨雹

大如鵝卵方成恭順里一帶壞屋斃人畜

同年三月八日安溪匪林營攻枋洋巖溪駐軍死數十人

四年安溪匪竄縣境恭順方成二里受禍尤烈

六年七月二十六夜水

枋洋圩夜間水漲三丈坍塌商店七十六間溺斃男女七十二人張知事世英履勘發賑

同年十二月二十一日安溪匪楊漢烈陷枋洋房屋被焚三十座男女遭害十八人

七年九月台人徐壽山號率民軍入縣城知事張世英逃越三日粵軍總司令部派營長黃定中接縣篆徐等始退

八年　蔣公介石率師蒞縣城駐節羅山書院

九年拆城石築泰浦公路

十年符匪陳貫通紮營天柱派款橫行官軍撲滅之

十二年黃大偉張毅率隊經花洋山重一帶大肆刦掠

十四年張毅圍剿葉定國知事王懋謙去職張委田順昌接任

十五年七月十五日張毅部圍江都焚連姓祖祠

事緣張毅部隊長張正榮經大安為葉定國所部擊斃

同年十一月黨軍入城

北洋軍閥敗退黨軍杜師長起雲率隊入城知事俞乃恆逃臨時選

邑人楊顯任縣長

同年同月初設縣黨部籌備處葉愚青任籌備員

十七年四月清黨

同年築泰巖公路改良巖溪圩頂市市政

十八年十月創設各區保衛團

十九年建市場改良市政

二十一年三月十九日共軍陷城

共軍由浦南攻進城陷擄人勒贖四境騷然縣長陳元璋逃三日退漳州

二十二年春舉行全縣第一屆運動大會

同年旱

七月至九月不雨

同年九月始行區政全縣分七區

二十四年七月二十二日水

枋洋水漲丈餘渡船覆滅頂七人

同年九月縣長徐毖塘重修縣署

同年十月改良幣制

國民政府施行法幣政策民間禁用硬幣指定中央中國交通中農

四行為法定銀行

二十五年縣長徐毖塘改羅山書院為忠烈祠

同年八月全縣縮編為三區改設區署

二十六年七月七日開始抗戰

倭寇藉口軍士失踪盧溝橋變作夜攻宛平我國忍無可忍發動抗

戰

二十八年九月十八日倭機投彈

倭寇轟炸機過境於長崙(美彭書林交界地)投彈三枚

同年九月十九日倭機掃射機槍
倭機二架在縣城上空偵察環飛四十五分鐘以機關槍掃射
二十九年七月師長韓文英圍剿葉文龍平之
同年改編為七鄉
同年舉行全縣第二屆運動大會
三十年四月四日舉行第三屆運動大會
同年七月同安匪吳宗侵縣境縣長俞鳴鶴移治巖溪八月俞鳴鶴撤
職陳文照繼之遷回舊治
同年縣長陳文照建砲樓於羅侯登科水晶山上
三十一年七月虎災
羣虎出沒鮎魠嶺攫噬行人數十
同年十月十日縣黨部召開第一次全縣代表大會
三十二年元旦舉行全縣第四屆運動大會

同年一月五日縣黨部第一屆執監委員會成立
同年春邑人陳林榮等倡修縣志
同年季夏縣長黃平西重修縣署
同年九月創辦縣立初級中學
同年冬成立修志委員會
三十三年六月二十一日縣臨時參議會成立
同年八月設縣立簡易師範學校
同年十月山重村符匪作亂縣府派隊進剿擒獲槍決十餘人禍始息
同年十月倭機擲彈
　蘭坂社口及待詔亭等地擲彈三枚我無損失
同年改良巖溪圩下市市政
三十四年二月倭機擲彈
　祖尞社下投一枚未傷人

漳州古宋承印

同年三月修志會開始纂輯
同年三月智識青年林宗村楊以禮戴添泉劉兆南王保吉楊嘉禧楊
文格唐加規葉俊德陳炳煌葉振淑陳仲康葉良蔡水源葉慶盛蔡
高堂蔡林章陳福順葉金城林森芳林親仁連翠黃張海等二十三
人志願從軍
同年八月十日倭寇無條件投降
同年九月三日同盟國定是日為勝利日
同年九月二十三日水
水漲丈許低窪田園盡沒農作物罹害
同年十月一日縣參議會成立
同年十月二日大風
晚稻失收
同年十月以武安示範鄉改鎮巖溪鄉為示範鄉

同年十一月十一日纂修縣志總編輯鄭豐稔到縣
同年同月米貴
市斗價七百元翌年夏漲至八千元
三十五年豁免本年度田賦
同年十一月十五日縣參議會選舉福建省參議員葉懋青當選楊錚候
補
同年三月至五月旱春田多未下種
同年五月五日國民政府還都南京
同年同月同日舉行全縣第五屆運動大會
同年同月二十五日縣黨部召開第二次全縣代表大會
同年六月二十三日智識青年從軍復員返縣
同年七月底縣志脱稿

漳州古宋印承

(清)曾日瑛等修　(清)李紱等纂

【乾隆】汀州府志

清同治六年(1867)延楷刻本

汀州府志卷之三十八

雜記

六經言兵革紀祥異者獨春秋爲詳蓋天人相與之際甚可畏也後世齊諧諾臯諸書其語多不經故君子弗道若夫災變寇亂有關四境之安危閭閻之休戚顧可得而略乎至於典籍之所紀載父老之所流傳說非荒唐藉廣見聞豈徒騁逸情供譚柄已耶作雜記

祥異

宋治平四年六月進桐木板二有文曰天下太平

元祐五年嘉禾生三十六穗

紹興十七年州羊無角是年盜妨農詔令郡縣賑
粟貸種　二十二年六月蓮同蔕異萼者十有
二

淳熙十一年四月不雨至於八月是年亡禾詔賑
恤　十四年三月辛未水漂民居百餘家軍壘
六十餘區　十六年大水漂民居千五百餘家
溺死三千餘人

紹熙二年三月寧化大水漂田廬人多溺死

嘉泰二年七月水害苗稼上杭縣水圯田廬民多溺死

淳祐十一年八月甲辰山水暴至漂人家

元後至元五年六月長汀蛟出大雨驟至平地水深三丈餘没民廬八百餘家民田二百餘頃溺死者八千餘人戸賑鈔半錠死者一錠

至正四年夏大疫　十四年大饑人相食

明景泰元年上杭大饑

正統六年寧化大饑

成化二年夏霪雨山水驟溢長寧淸歸連上永七縣田廬蕩析人畜溺死無算按省志縣志俱作二十一年二十三年七月戊午夜疾風迅雷震預備倉火繼發燔米七百餘石

弘治二年夏大旱

正德四年連城火　九年上杭水　十三年四月上杭地震　十五年四月上杭武平地震有聲是日折鎮龍菴　十六年寧化大饑疫

嘉靖二年五月清流獲得白兔　三年十月甘露降　四年淫雨山水暴漲舘前驛沿河田地推壞八百餘畝房物無算　六年三月甘露降　九年歸化縣災燬官民房屋數百間　九月隕霜殺禾稼　十三年十一月寧化地震　十四年四月地震歸陽青巖山崩壞民田數百畝壓死居民數十戶　十六年清流大雨災　十七年四月寧化會同里山崩壞民田數百畝壓死居民數十戶夜星隕如雨　十八年五月十三

夜星隕如雨 二十一年歸化縣火燬千有餘家 二十三年秋寧化縣大疫 二十六年二月大雨雹 二十九年正月地震六月大風雨拔木 三十二年黃竹花實如米居民取食之 三十六年四月大水漂沒田宅人畜無數 三十七年八月武平產靈芝七本奉上文取之是年七月初五日晝晦大雨山崩溪漲人多溺死知縣徐甫宰申請賑恤 三十九年春歸化大雨雹田鼠食禾殆盡是年廣賊刼掠男婦遠遁

三十九年黃竹花　四十一年秋歸化縣災延燬西南民居無算　四十二年彗星見　四十三年歸化大水南北關俱圮

隆慶元年至六年大有年禾麻被野米石銀三錢

萬曆二年三月霹靂巖前地陷十二丈深二尺所居房屋盡圮　七月連城大水壞田廬　六月二十六夜永定大雨頃刻水高數丈壞民田二百餘畝漂沒一十六家溺死五百餘人詔賑恤

五年有星孛於西南越三月沒　七年量田是

年大旱　九年立夏日清流縣三晨霜降虎爲害城西南火　十四年長汀寧化上杭永定大水壞田廬　十六年府譙樓頹條樓旌善申明亭災　十九年十月日重暈　二十年連城饑姑田里竹生米數萬斛民賴以生邑志作二十二年十四年四月桐木鄉櫬樹開桃花　二十八年八月二十三日地震　二十一年冬木氷　三十三年十一月地震有聲　三十四年秋大旱三月二十三日歸化縣署災燬民居千有餘家

三十五年七月雨雹壞牛馬　三十六年八月大旱　三十八年四月寧化大水壽寧橋圮　三十九年虎入黌宮　四月寧化大水龍門橋圮　四十一年冬府署產靈芝九本時郡守沈應奎　四十二年清流城西南火　四十五年寧化賴家巷火燬一百八十家

天啟元年上杭大水漂田廬人多溺死　七年清流大水龍津橋鳳翔橋崩

崇禎三年十月武平磜坑高家鍋地出血　四年

流寇大作將士死殆盡督撫熊文燦會勦直搗其穴　四月二十七日歸化星隕於田中化爲石　五年二月木冰（木冰一曰樹介一曰木稼皆主兵）　三月二十一日寧化地震　二十二日大水南城基圮壽寧橋崩　是月流寇犯上杭　七年荒雞鳴　八年四月寧化譙樓災旌善申明亭聚星樓南門樓幾省飛黃坊連山行宮俱燼民居燬者三百餘家　五月清流饑　十二月地震有聲　九年正月大雨雹擊殺牛馬　四月大饑（郡守唐世涵司理唐錫蕃發穀）

五千石　十二年五月上杭地震有聲自南而北以賑
十三年七月十五地震　十四年四月二十四日雨日摩盪如是者三日　十七年六月十六夜上杭勝運里雷電震閃不雨而水從石山出頃刻平地丈餘到處皆有火光溺死者五六千人田廬畜產無算　七月清流明倫堂災
國朝順治元年三月虎入寧化北門　二年六月二十八日寧化清流地震　四年四月大水平地深丈餘舟從城上入　六月大饑　六年三

月大疫　五月五日寧化清流霜降　六月饑七年四月寧化清流大水城內深一丈城垣崩陷人畜田舍漂没無算　十二年歸化大旱是年饑斗米六錢多虎患　十三年正月大雪秋大有年　十四年五月大水舟繫於樹杪　十六年三月寧化雨麥拾者呼爲鐵米

康熙三年七月彗星見　五月清流署倉庫五通廟察院各司灾是年大旱　四年十一月十二夜遶城有大奔星天狗由西南抵西北長竟天

聲如雷響　七年至九年歲大稔石米三錢
八年清流大水浸没橋梁田屋無算　六月虎
入武平縣城　九年七月大雨雹　九年至十
年上杭武平大有年石米四錢　十年四月上
杭地震　五月清流大水．十二年七月上杭
大風圮漳南署前石坊　九月十八日清流有
火流於東方聲响如雷　十六年六月彀星見
於上杭次年大熟　十八年歸化縣城隍廟火
十九年十一月彗星見　二十五年蠲免二十

六年二十七年地丁錢糧之半　四十五年五
月大水郡城內深丈餘郡守方伸以汀州府扁
投之水乃退　四十七年府署池蓮花上生花
五十年清流縣公廨災
雍正八年清流縣西門坊災至南門坊止　十三
年五月清流縣龍見六月慶雲見
乾隆二年歸化雨雹大風繼作　五年永定大水
壞田廬　八年正月寧化大風圮石坊二斷安
寧橋石居民屋瓦盡飄　十二月彗星見　九

年正月清流進賢坊災四月東門法海二坊災

十四年八月清流鐵石磯災毀巡檢署　十五

年三月長汀等邑大水　八月寧化等邑大水

馬龢鳴、陳丕顯修　杜翰生等纂

【民國】龍巖縣志

民國九年（1920）上海商務印書館鉛印本

災祥

宋

治平四年秋。地震。

政和七年二月。甘露降。

明

永樂五年夏。旱。

宣德三年夏。疫死者甚衆。

正統十年十一月癸未。地九震。鳥獸辟易。山崩水湧。民居推壓。

成化二十一年。春夏霪雨。田廬禾稼壞。

嘉靖七年。甘露降。松柏上如霜餳。知縣蔡尙義作甘露亭於山川壇右。

十一年十一月。大雨雪。平地尺餘。是年大熟。斗米值銀二分五釐。

十二年五月十三日。大雨。東西橋壞。

十六年冬。癘疫大作。次年三月乃止。

二十四年六月初六日。大雨雹。禾稼傷。是年旱。大饑。

二十六年二月。大水。敗田廬。

二十八年十月十二日。地大震。

三十三年十二月除夕。西北有二星隕。

二十四年。登高山邱宅。井開蓮花。

三十五年三十六年歲大熟。

四十四年。旱。十月。大雪。平地尺餘。

四十六年正月二十九日。地震。

隆慶四年七月十六日。大水。南橋圮。城崩。田廬湮沒。

萬曆元年。地震。

二年四月十一日。大風。拔木撤屋。

五年十月朔。彗星見。月杪乃滅。

八年七月。大風捲人。自西山騰至紫金山麓而墜。

三十年九月。武安坊火。自石司徒坊下至關帝廟止。

四十一年十月十六夜。武安坊火。自石司徒坊上至陳副憲坊止。

四十四年五月初一日。大水。壞龍津橋。城垣崩。田產沒。

天啟元年四月二十三日。大水。城崩十餘丈。

六年正月。大雨雪。

七年十二月二十六日。地大震有聲。

十七年六月二十夜。大水。龍津橋壞。東西二門城俱崩。近西田廬漂沒。居民溺死者百有餘人。

清

順治六年十二月二十五夜。地大震。

八年正月十五夜。地震。

十二年二月初三巳刻。日三暈。狀如連環。

十三年正月。大雪高二尺。

康熙三十四年五月。大水。流景雲橋。圮城垣。自西至東民居田園淹沒。

三十七年十一月。甘露降。凝結如飴。經月不散。

五十二年四月二十七日。大水。景雲橋南門皆圮。城外田廬傷壞無數。五月十七日。水復大漲。西南北三門城圮。湯堤沖沒八十餘丈。白土東山鐵石洋一帶被災。

五十三年五月十三日。大水湧入城。民居淹沒。景雲橋址盡壞。

六十年正月二十九日。大雪。平地尺餘。

雍正三年。旱。

四年夏。米大貴、斗值三錢。民飢。

五年九月。武安坊火。自下井巷口起。至銅砵巷口止。

七年正月二十七等日。大雪。歲大熟。

乾隆元年五月。大水。南門城垣崩。東門城樓圮。

二年四月二十八九日。霪雨。水發。北門城垣圮。東津木橋漂流。五月朔。鄉民駕小船以濟。水勢冲激。舟壞。溺死者十有八人。

二十二年六月。大水。城垣崩塌。漂沒田廬無數。

四十七年四月初八日。大水。

五十一年。武廟火。

五十三年二月初六日。大雪平地尺餘。

五十四年。地大震。

六十年。大饑。斗米銀玖錢零。

嘉慶五年。大水。

十四、十五、十六年。大有年。

十七年秋。彗星見於西北三閱月迺沒。

十八年。大有年。

二十、二十一、二十二年。俱有年。

二十三、二十四年大有年。

道光元年有年

二年十一月二十夜，武安坊火燒鋪百餘家，武廟南門樓俱燬。

三年四年俱有年。

五年饑，斗米七錢，晚稻復大耗，禾莖屈節，有葉無穗。

六年，歲歉。

七年八年，大有年。

十一年十二月，地震。

十二年夏米大貴，斗米值六錢零。官礮常平倉米平糶。六月旱稻熟。晚稻叉耗。

十四年七月十六日。颶風暴雨。碎冰參半。九月初六日。最高亭火

十五年大旱。得原泉灌溉者倍收。大池小池等社。有一莖兩岐者。六月試院後樓火。七月十三日雨雹。九月、彗星見於西。經旬迺沒。十月初六夜。州前坊火。

二十二年七月初八日。山洪暴發。西郊一帶。幾成澤國。城垣田廬倒塌者多。人畜淹沒亦不少。爲從來希有之水災。

咸豐九年七月。傍晚時。有白氣一團。大如斗。光亮異常。起西旂崎。落翠屏山。響似連珠炮。

光緒十八年十一月二十八日降雪。平地尺餘。至十二月初三始解。

二十年正月初一日。大雪。

二十六年。米貴每元一斗。九月二十七日。地震。

二十八年天久不雨。三月二十九晚。雷雨交作。水發橋梁漂流二十五處。

三十年。鼠疫將邦初現。夏老繼之。有一家死十餘口者。自是年年發生。坊社傳染。死者無數。近年毒稍殺。

三十二年正月二十九日下午。雨雹。十一月初四夜。西門內火燒鋪十餘間。

三十三年六月十九日。洪水。田廬淹沒者多。

宣統二年。旱。

三年六月二十九日。地震。米貴。

民國

元年。東城巷口火。延燒十餘鋪。

三年二月初八日。地震。

四年二月二十二日。雨雹。大如馬頭。鄉牛有擊斃者。屋瓦擊破無算。

五年。米貴。採米平糶。

七年正月初三日。地大震。連數次。石坊有欹倒者。三月初十夜。有紅光奔流。自南而北。聲如雷。

八年五月十九日。蛟水發。湖邦、黃坊二社。橋道冲壞甚多。米貴。每元八升。

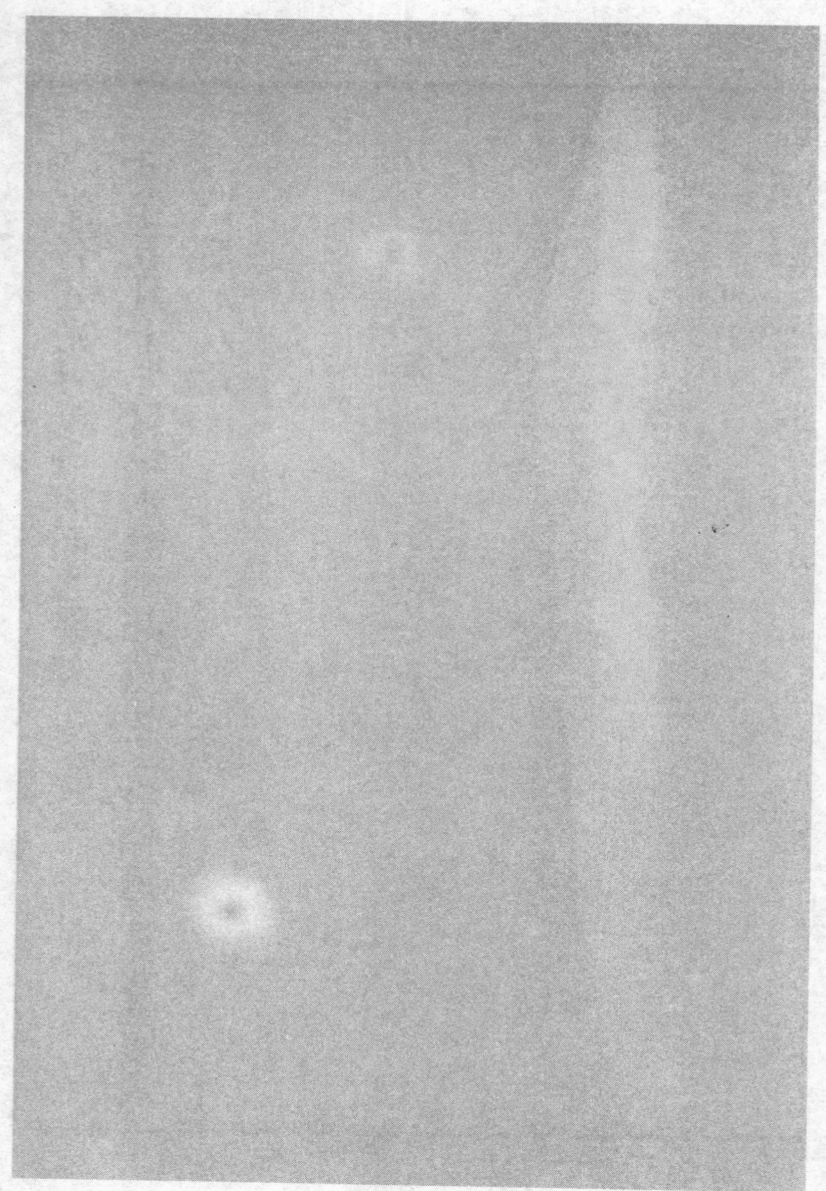

【同治】寧洋縣志

（清）董鍾驥修　（清）陳天樞、吴正南等纂

民國二十四年（1935）鍾幹丞鉛印本

祥異

明萬歷丁酉年甘露降

崇禎十六年五月夜大水青雲橋圮城外居民溺死數百人田廬淹沒不可勝計

國朝

順治二十年十一月天炮鳴由東而西殷殷不止

七年十二月二十六日寅卯二時地大震

十二年二月二日巳刻日三暈狀如連環是年大饑死者不可勝數

十三年正月十五日大雪數日平地尺餘是年八月朔有紫雲一片繚繞于西方

十六年十月朔卯刻甘露降于白水漈山峰松竹蘆葦多受之白如雪甘如蜜連下十朝是月十日天炮大鳴旋有大星如火隕於西南

十八年七月初三日大坑地方忽然地陷周圍丈餘深三尺雍正七年正廿七等日大雪平地尺餘是歲大熟

乾隆乙卯年四五月米價騰貴并無糴覓樹皮草葉可救飢者爲之剝盡而死者多人

嘉慶庚戌年七月十四早墩仔兜火延燒市舖

道光十年利溪下月山隔河邊高岩屢次崩塌塞下路徑行者苦之知縣宋可大作文往祭安設土地後乃無患

道光癸卯年六月十四早墩仔兜火延燒市舖

道光乙巳年八月初八晚西方洪水橫流平地漲起數尺登瀛橋衝壞木料橫入天后宮前檣倒塌

咸豐九年己未七月初七申刻有天炮鳴由西而東又有青光一道是年

九月廿九申刻又有天炮一聲墮落兩箇其形如石靑色重有六七觔在於蛟潭地方

十年庚申三月廿六晚有兩星光亮降於城東

同治四年乙丑各縣派糴單米寧邑子民分往四處採糴米價高昂每斗米柒錢銀民之受餒者不計其數

八年己巳春南溪洪水衝壞太平橋隨橋墜水者約有百餘人

十一年壬申四月廿七晚西南兩溪洪水衝出勢如滔大平地漲起數尺太平橋靑雲橋登瀛橋化龍橋俱被衝去

論曰天災流行何國蔑有故春秋于一年三書不雨或三年只書一雨所以詔修弭之由人也後世遇祥而驕見災而忽者亦獨何歟

【民國】連城縣志

王集吾修　鄧光瀛等纂

民國二十八年(1939)維新書局石印本

連城縣志卷第三

大事志 附災祥

國之大事曰戎周公戒成王勿誤庶獄而申之曰其克詰爾戎兵以陟禹之跡誥以建威銷萌以牧民爲先非直除戎器戒不虞已也連城爲閩西下邑亦有土地亦有封疆舊志災祥附寇盜而詰戎之政闕如則夫防於事前與所以善其後者大有事在建邑以來善敗可鑒也天道人事不大相遠故災祥附焉惟乾隆而後志之失修幾二百年又復迭經喪亂一切考訂典册散失無遺掇拾叢殘備忘

而已志云乎哉。

宋高宗紹興三年癸丑，初以長汀蓮城堡為蓮城縣。宋史地理志。按縣治舊為蓮城堡，以蓮花峯得名。堡之建設在北宋哲宗元符時，至是虞觀請建縣，乃分古田鄉六團里地以益之。

五年乙卯，縣令丘欽若始築土城三百丈。以鄭庭竊發故。徐志。

八年戊午，縣令劉國瑞始建學舍，給官田以贍弟子員。徐志。

十四年甲子，詔蠲汀漳泉建四州經賊殘蹂賦稅。時虔州賊李敦仁、汀州賊華齊連年擾犯州縣。見臨汀彙考。

十七年丁卯，以盜賊妨農，詔令賑粟貸種。徐志。

十九年己巳。詔以汀漳泉三州民田被賊踐蹂。蠲其稅。徐志

孝宗淳熙八年辛丑。除汀漳民為潮賊蹂踐者賦役。據臨汀彙考補。是時有潮賊沈師之亂。

十一年甲辰。令守臣賑粟貸種。時不雨至於八月。是歲無禾。徐志

十三年丙午。減汀州鹽價歲萬緡閩中上四州官鬻鹽以給歲費。後三郡患除汀仍抑配則數起為亂。又循潮漳鹽近而福鹽遠。遠價貴近價廉。汀人千百為羣往販。官司追捕至捍拒殺人。王師愈真德秀嘗言之。雖減輕鹽價本屬恤民之政。猶不足禁私販之弊。鹽寇終無已時。迨紹定間郡守李華申請汀州吏運潮鹽。其弊始革。詳賦稅志。

十四年戊申，大水。縣令劉熻請罷綱運例等錢。並徐志

理宗紹定三年庚寅，寇亂，城署盡燬。攝縣篆丘鱗率民登東田石以避之。按寇豸原名東田石，元馬周卿始易今名。招捕使陳韡擊破寧化潭飛磜，遂諭平蓮城七十二寨。徐志。李世熊寧化志：晏頭陀嘯聚潭飛磜，招捕使陳韡及劉純擊破之，復諭降連城七十二寨，賊潰。頭陀伏誅。

按徐志鄉賢丘鱗傳，鱗宋嘉定進士，調贛州贛縣尉，值永定寇發，郡委署邑篆，畫計禦寇，率民避難寇豸山，招捕使陳韡上其功。惟署篆事蹟年月皆不詳，所云功當指禦晏寇事無疑。永定，永字當是紹字之誤，即寧化縣

志諭降降字亦恐有誤蓋永定建邑在明中葉晏寇據潭飛磜距永定四五百里於吾邑則甚近寇起寧化隨即蔓延邑城城署盡燬鱗率民避難寇豕勢必分令各里團結寨自保若明正統時王令佐之困鄧茂七方能全被難之子黎息方張之逆燄以待招捕之師禦寇計畫孰有大於此者是以使諭一下七十二寨同時救平徐志諭平視寧化志諭降於事實上較合比而觀之鄉先正之措施賢長官之綏靖可以互見 攷南宋鄉兵巡社創自建炎有槍仗手弓箭手諸名目各路不同罷

存不一福建路舊有忠義民兵屯結邑民擇豪右為長量授器甲巡徼盜由是息見通典通考又有山水寨福建計共三十八寨若吾邑之七十二寨不過寇急各自收保使野無所掠絶盜資糧大致與忠義民屯相近蓋寇起匆猝因時制宜非經常法也

是歲縣令米巨宏復築城署儒學前令徐价經營未就至是復築

淳祐十一年辛亥山水暴至漂蕩民居以上見徐志

帝昺德祐二年丙子元兵入臨安擄帝北去益王昰即位福州是為端宗改本年為景炎元年

十月，以樞密文天祥同都督師次汀州。先是天祥開府南劍，旋次汀，以圖江西，遣參謀趙時賞、諮議趙孟濚取寧都，參贊吳浚取雩都。畢沅續通鑑參宋史本傳

二年丁丑正月，元兵下汀關，汀守黃去疾以汀降元。天祥移軍漳州，過垂珠嶺，北望流涕。時賞、孟濚以兵從，浚不至，尋還汀州，與去疾降元。旋至漳說降，殺之。徐志參本傳

元世祖至元十五年戊寅，升汀州為汀州路，改蓮城為連城縣。據府志隸福建行中書省。

按元代福建行中書省或置於福州，或置於泉州，或併入江西，或併入江浙。如二十九年江西左丞高興言江西、福建、汀、漳等處連年盜起，百姓入山以避，今次第削

平宜降旨招諭復業而汀州路總管李文慶從高興平爪哇回鎮連城是可證隸於江西也仁宗延祐元年用科舉試士江浙行省舉額二十八人連福建汀漳在內是可證隸於江浙也且二十八年改福建行省爲宣慰司二十九年復置行省成宗大德元年改爲福建平海行中書省徙治泉州三年罷福建等處行中書省立福建宣慰司都元帥府所謂宣慰司平海行中書省及宣慰司都元帥府視福建行中書省職權廣狹容有不同是以羅天麟陷汀州必命福建元帥府與江浙江西連

兵同討是福建元帥府猶不能專有汀路迨順帝至正十六年江浙江西割據於羣雄於是復置福建行中書省而陳友定藉是以統一八閩未幾而元亦亡矣

十七年庚辰汀漳民廖得勝陳弔眼陳桂龍聚衆刦掠命勒哲圖高興等平之續通鑑

十八年辛巳閏八月以江南民戶分賜諸王貴戚勳臣受賜者諸王六人后妃公主九人勳臣三十六人汀州路六縣分賜帝女囊加真公主凡四萬戶絲二千二百餘斤鈔一千六百餘錠謂之歲賜得自今其臣為達魯花赤別置縣尹分隸各路行省王圻續通攷

二十九年壬辰招諭避盜百姓復業並罷鹽課酒稅銀鐵

維新書局印

各提舉江西左丞高興言江西福建汀漳諸處連年盜起百姓入山以避今次第削平宜降旨招諭從業又福建鹽課酒稅銀鐵各立提舉實爲尤濫請罷去從之續通鑑

按宋雖積弱猶多恤民之政元則阿哈瑪特桑格盧世榮柄用江南民戶多所朘削此變亂所由不已也

命汀州路總管李文慶回鎭邑城文慶從高興平爪哇帝嘉其功除授總管後因連盜起統軍回縣鎭守子仲山承襲移武平見徐志按元史百官志至元初諸路置總管府連城屬汀州路爲汀屬六縣之一慶因亂回鎭子仲山又因亂移武平是總管雖駐防職隨特可以遷移非限定一縣也前志未詳年月茲附世祖至元二十九年後

仁宗延祐元年甲寅初開科舉制試士世祖時欲行科舉不果皇慶二年議

定至是舉行本年八月鄉試明年二月會試汀州路隸江浙行省舉額全省二十八人中額約三分之二順帝至元元年罷六年復行續通鑑續通考同學校科舉似於大事無關然鎮撫靖亂道在由此因附識之

泰定帝泰定元年甲子賊圍城李仲德父子死戰卻之仲德總管文虞子兄仲山繫職鎮守適武平黎畲亂奉命移鎮武平賊眾圍城仲德率丁決戰殺其前隊賊來益衆又盡殲之賊悉眾數千圍之重重丁百餘陷且盡仲德同四子良智良弼良能良明衝突血戰死賊卒燬膽奔散城賴以全詳本傳

順帝至正四年甲申大疫徐志

六年丙戌六月邑人羅天麟陳積萬兵起

按胡元毒痛中國斂怨為德於汀尤甚天麟諸人不顧

利害為民族爭存亡續綱目書兵起從之

續通鑑汀州連城縣民羅天麟陳積萬叛陷長汀縣福建元帥府經歷真寶萬戶廉和尚等討之九月復汀州十月詔赦天下其黨羅得用殺天麟積萬以降餘黨悉平府志天麟連城軍士以罪拒捕遂與陳積萬陷縣乘勝刦掠六縣皆為殘破江浙行省右丞總都不花合江西行省右丞禿魯統兵三路進討九月克復汀州其黨羅德用殺二人以降所載互有詳畧

又府志真寶作真實與續通鑑小異

七年丁亥縣尹王成吉重修土城禦寇徐志

十四年甲午大饑人相食徐志

十八年戊戌十一月陳友諒陷汀州路續通鑑

二十一年辛丑文廟火於紅巾惟大成殿存城池縣治俱

燹。徐志。按城陷於紅巾賊袁景。景益友諒部將。府志引舊志云十八年紅巾寇亂陳友定平之元史劉福通奉韓山童及天完徐壽輝皆以紅巾爲號友諒天完將當然爲紅巾無疑徐志或稱友諒或稱紅巾名號不一而友定平紅巾亦非十八年事攷寧化清流縣志友定禽曹柳順在二十二年未幾諸寇之據堡寨者悉平乃由明溪巡檢陞延平路總管是十八年至二十一年爲紅巾在汀路肆虐最烈時期迨二十三年友諒大敗於鄱陽湖江西湖廣全爲吳有友定乃得收復汀郡諸路兼并漳州至二十六年始完全盡有八閩地元廷於是乃由行省參政拜為行省平章二十四年漳守羅良與友定書猶稱參政其時江浙行省分崩離析對於全閩則開始統一對於江浙則久已畫分福建改為行中書省在至正十六年證之續通鑑大署相符并志於此楊瀾臨汀彙考以友定初從汀判蔡公安討平延邵諸山賊授清流主簿又引寧化縣志二十二年僉曹柳順事以為當從府志改作十二年且以紅巾未嘗擾及汀境正坐誤分友諒紅巾為二寇考續通鑑友諒陷汀州路在十八年徐志二十一年邑城文廟火於紅巾其別部又陷邵武圍福州陷福寧全閩幾無淨土是時汀路鼎沸友定區區一巡檢何得更從汀判出兵平定延邵諸山賊至柳順就僉在二十二年載在寧清二縣縣志何得聽為遷就且二十二年後柳順平定乃得一一平諸堡寨紅巾之亂

乃以肅清延邵汀打成一氣揣諸事勢方為脗合正不得因府志漏去二字改二十二為十二也

二十四年癸卯攝縣尹馬周卿復修縣署儒學及冠豸山寨徐志童璽重修冠豸寨記作二十六年

二十六年乙巳八月以陳友定為福建行省平章政事續通鑑友定農家子起傴伍目不知書至是撫有福建然頗任威福所屬違令者輒承制誅竄不絕嘗以私怨殺漳州守羅良福清宣慰使陳瑞孫崇安令孔楷建陽人詹翰拒不從皆被殺然事元未嘗失臣節歲運糧數十萬至大都帝嘉之下詔褒美

明太祖洪武元年戊申湯和自福州破延平禽友定別將胡美諭降汀州諸郡府志汀守陳國珍以城降李文忠討平羣盜閩地

悉平據陳鶴明紀

二年己酉十月詔天下府州縣皆立學邑設教諭一員訓導一員學額二十名給廪膳以禮樂射御書數分教頑不率者黜之明紀參續通攷

四年辛亥正月詔設科取士連舉三年嗣後三年一舉邑士鄧恭陳玉清以四年六年連舉於鄉

遷北團寨巡檢司於崇儒北團寨巡檢司原設北安里至是始徙城東崇儒坊十八年縣令丁良恭復徙朗村呂坊嘉靖間改設新泉或疑崇儒為下南三隘之崇儒隘不知自明以前名朗村不名崇儒張鵬翼桑梓錄可據也本志職官志洪武四年改駐朗村十八年徙新泉誤攷明志各府州縣關津要害皆設巡檢其制蓋昉於宋元宋巡檢司掌巡邏譏察之事凡地方遼遠處置巡檢一員復置都巡檢以統之各隨所在隸州縣

守令節制連城北團巡檢置自宋代見舊志不詳歷任人名氏元代則并無北團巡檢名稱然徐志許景輝傳曾授為北團寨巡檢則必久有此職特元代職官闕署縣尹祇紀王成吉馬周卿二人巡檢可知明始遷巡檢司於崇儒來連以前宋元明相為沿襲又可知至所以闕略失紀原因元則因民族關繫仕元者多不紀載宋則因縣志創於明嘉靖時去宋已數百年文獻無稽故多失紀且北團司之設初因地連東鄉廣袤六十餘里而且北接寧清故有設司之必要迨北四圖改屬清流轄地已狹故改還附郭崇儒而朗村呂坊一帶元季以來為盜賊出沒之區故十八年又改徙於此嘉靖以後築堡寨於新泉隘故又徙新泉自是北團司署不復返駐故墟大都因時制宜不能膠柱鼓瑟也　明續通考兵考巡檢司所屬弓兵於丁糧相應人戶內簽點應後一年更替凡往來逃軍逃囚私鹽犯法無引可疑之人皆得捕執官軍禦盜亦與協力考宋有弓箭手元因之明蓋仿而行之耳

七年戊寅縣令劉雍首建學校重修聖殿兩廡　科舉學校與兵事祠

為表裏宗明享國長久恃此道也詳本志學校志

英宗正統十一年丙寅令各村聚置隘門編甲巡徼明紀礦盜葉宗留作亂出沒浙江江西福建廣東諸境御史柳華奉命督兵至福建劉捕令村聚皆置隘門望樓編民為甲擇其豪為長得自置仗督民巡徼盜稍戢張鵬翼桑梓錄三隘鄉土志有曰隘之名何昉乎正統間巡撫柳公華設之以保民禦盜也厥後承平五十餘載百姓安堵下署按柳華時為巡按御史三隘志稱巡撫誤連城凡九隘曰新泉曰豐圖曰朗村是為下南三隘通漳潮屬表正里曰隘門通莒溪朋口梅村屬席湖園曰横山曰秋家嵐曰廖天山通寧洋永安及省會屬東鄉曰烏石曰石固城通寧化清流及江西屬北安里九隘之設始此

十三年戊辰沙尤寇鄧茂七攻邑毀官舍民居及文川橋邑民登冠豸寨以禦之徐志寇盜作宣德十四年藝文各志通作正統改從之惟正統十四

年應改從十三年 明紀沙縣佃人鄧茂七素無賴沙俗
佃人輸租例饋田主茂七令無饋縣下巡檢追福茂七殺
弓兵數人上官閩遣兵三百捕之被殺傳檄盡知縣巡檢
皆遇害陷二十餘縣自稱鏟平王處州賊葉宗留等皆附
之東南騷動據此則茂七倡亂沙尤明甚本志城市志據
臨汀彙考云茂七反寧化連陷二十餘縣應加訂正 童
壘重修冠豸寨記邑有禦侮處曰冠豸寨其山四面皆石
壁崒嵂峣巍矗雲薄漢初足跡莫能容後鑿石磴數百重
始通一道上巔然平地有泉有圃可汲可蔬堪宅萬人國
天設之險也元至正二十六年福省架閣馬公周卿方公
虞侯聞南北塹壘城鑿池以為保障正統間沙縣鄧茂七
寇邑邑令王公佐鄉官許浩耆民童得慶桑葉茂捐貲
修葺民賴全生(下畧) 徐志隱逸傳童得慶正統寇亂與
鄉官許浩志計書周視要害重葺率眾依之寇圍不解慶
挺身下諭以大義寇曰我等素聞公名不忍害即引去眾
賴以全頌之曰豸峯公 涼繖寨記河源里壁洲南有涼
繖寨內夷坦可居外峣崎難陟正統戊辰沙尤寇鄧茂七
越境作耗詩邑令王公佐臨里爆諸鄉民曰邑無城池難

於禦侮幸可保障惟有寨耳吾與汝等共死守之里民知義者若林景容吳景英相與率一里民隄護寨中寇至環攻驟時不下忽一日請戰而寇潰眾卒賴以全生(下畧)

按葉宗留鄧茂七先後倡亂出沒數省蹂躪數十縣連無城郭邑令王佐率民據險以禦卒保無恙良由御史柳華先事布防令民置隘編甲巡徼臨事又得賢長官父老調度以故寇不得逞乃以各將帥玩寇故亂久不請歸咎於華被逮仰藥籍沒其家明政不綱於此可見宜乎南北交困不旋踵而有土木之難也

臨汀彙考賴世隆清流人沙寇鄧茂七作亂世隆疏陳山川險易進兵方畧朝命寧陽侯陳懋進討世隆為導引官先領兵千人回汀禽

賊首陳美九、蔡田等。招集延汀散亡十餘萬人。後以事許權貴。竟沒其功。時浙閩盜紛起。皆以誅王振為名。諸將帥率玩寇。而文吏督民兵拒賊。往往多所斬獲。如汀州推官王得仁。其一也。

景帝景泰元年庚午令地方官各募民壯。始置機兵。土木變後始令地方官各募民壯。隨處操練。遇警調用。景泰間柄兵者建議。凡臨敵失一軍以上。與失機罪同。於是設機兵馬見寧化志民兵志。

憲宗成化二十一年乙巳夏。淫雨。山水驟溢。鄉市民居多為所壞。屋宇漂流。田苗沙壓。人畜有溺死者。據徐志省志同府志作成化七年。恐誤。

孝宗弘治二年戊申。立簽民壯法。明史兵志。州縣凡七八百里以上。里簽五人。五百里四三百里三百里以上二實錄是時設民壯未為定制至七年乃定其數州縣七八百里以上者每里簽民壯㊀二名五百里以上者三名三百里以上者四名百里以上者五名王圻續通考與實錄同當為可據府志明洪武初立民兵萬戶府簡民間武勇以時操練有事用以征戰事平竣還為民正統十四年令本地官司率以操練天順二年令鞍馬器械悉從官給弘治二年令取民年二十以上五十以下年力精壯者充之州縣七八百里者里二名五百里者三名三百里者四名一百里者五名春夏秋月操一次冬操三歇三正德間法廢乃雇值應役工食歲以丁糧對編每名派銀一十四兩四錢內以一半團練每名給工食銀十兩八錢以一半防守每名給工食銀七兩二錢合二項勝銀皆扣解充餉嘉靖三十八年改編丁四糧六工食照舊派徵每名僅給銀七兩二錢以一半充餉四十三年又以丁米對編每名派工食十兩八錢內給予對領銀每名七兩二錢尚餘每名三兩六錢充餉萬曆五年巡撫龐尚鵬以工食繁費裁革名數每縣定以三百名有奇寧化縣額編三百五十一名清流縣額編三百八名上杭

縣額綠三百名長汀建城武平歸化永定額數無欠可以例推李世熊民兵志曰明祖之設衛所兵原養之以捍民非棄之而使民自為衛也衛兵之制不修而復建民兵為法外立法奈之何而不弊中生弊也始之制民兵將以補衛所之缺也無補於衛所而民兵又弱偽不可用徒朘民膏而除自削終明世而兵不振豈無故乎

五年辛亥縣令關銓重修冠豸寨童塈重修冠豸寨記漳平溫文俊弄兵民甚恐邑俟關銓以建無堅城所倚者冠豸乃率縣丞萬貫輩營繕之因南北舊塹增新城五十餘丈立南北二門關右道之最險隘者仍衛以石欄於下十步處敞雲樓更張皇武備敵遠聞之不敢犯右道右字疑當作石

武宗正德四年己巳正街市火

七年壬申縣令蔣璣奉檄剿大帽山賊死之贈同知建忠愍祠以祀武平耕坑寇作璣奉檄剿捕遇賊黃沙寨邑人李元豈與璣同執童玘江環李聰生俞世旺直

抵賊壘格鬬皆遇害從祀忠愍祠

顧炎武天下郡國利病書正德七年正月提督都御史周南集諸道兵夾攻大帽山諸巢賊平之時江閩廣三省交界山谷賊首張番壇李四孜鍾聰黃鏞劉隆等聚徒數千流劫鄉村攻陷建寧寧化石城萬安諸縣支解平民擄禽官吏僭號稱王福建鎮巡等官請征之於是都御史周南巡撫四省諸郡南至密調集兵糧剋期於正月甲子江西兵從安遠縣入攻破巢穴入凹丹竹爐凹淚地凹雙橋凹黃竹湖凹鼎山凹寒地凹獺背禽斬賊首何積欽羅德清黃瑤并其從一千五百一十三名廣東兵從程鄉縣入攻破巢穴九凹大帽凹大峰凹貧湊凹五子石凹十二華凹香爐峰凹鸚鵡角凹軍山華凹員于巖禽斬賊首張番壇劉鏞張玉攢黃瀝保并其從二千一百七十九名福建兵從武平縣入攻破巢犬八凹巖前凹上赤凹中赤凹下赤凹懸繩峯凹掛坑峰凹黃沙凹大劉畬禽斬賊首讞得珠等二千四百一十九名計禽斬賊首從七千有奇俘獲賊屬千八百有奇奪四良善一百四十有奇

明紀南贛大帽山賊張時望黃鏞劉隆李四孜等聚眾稱王攻剝城邑延及江西廣東之境

數年不請官軍討之執致推官英仲昭知縣蔣璣指揮楊澤等被執賊勢愈熾周南集諸道兵擊之擒時蔚義民林富別挐斬鏞於鐵坑其他諸寨爲指揮孫鏜等所破副使楊瑋僉事渋相等亦擊隆四孜等擒之仲昭等得逃還按顧書陳紀所記詳畧徵有不同張時萬當即張番壇李四孜爲副使楊瑋所擒不見諸周南奏報蔣璣之死據明紀應在三省進兵前徐志繫之本年且云李傲劉大悄山賊則又似在三省進兵後英仲昭上杭志作仲銘姑存疑以侯攷

九年甲戌始建邑甎城七百七十丈先是巡按御史吳一貫奏行知府吳文度踏量基址七百餘丈已經勘結回報上司遽轉交代不常歲復一歲竟未成功邑人刑部郎中童璽疏言臣原籍汀州連城所屬地方北連江西之贛州南接廣東之潮州正統年間則有鄧茂七之禍成化年間則有溫文俊之禍正德三年四年間則有李四致之禍至正德九年二月內江西賊首葉芳越城殺傷之禍視前尤慘邑當盜賊出沒之衝

未設城池每當前項寇亂靡爛有不忍言者乞敕行巡撫等官量築一城爲經久計城池可完於不日民生復保於無虞疏奏僉事胡璉周期雍先後募民倡築命縣丞黄鍾岳累石爲址重加堅固而訖功焉　徐志

十一年丙子福建南贛盜又起以王守仁爲巡撫討平之守仁涖任散官軍練民壯令各處嚴關鎖連城之隘復修明年進討大帽山賊禽詹師富會師攻横水桶岡浰頭諸寨羣盜悉平　參張鵬翼桑梓録

十四年己卯縣令吴瓚建雄鎮樓于城北

世宗嘉靖元年壬午地震

四年乙酉隔川民陳璣等三十一人剿捕土寇楊廷蘭刃賊數十援未至死之　徐志忠烈嘉靖初土寇楊廷蘭剽掠村落璣等征捕至陳屋坪邑丞白志

清糾民兵未至刃賊數十賊縱火焚其廬死之縣令吳璜為立祠隔川額曰義勇

六年丁亥大水禾盡淹

九年庚寅賑饑

十年辛卯夏城圮三十餘丈雷震文廟柱

十二年癸巳九月星隕如雨

二十一年壬寅縣丞楊汝楫賑饑

二十三年甲辰地震秋冬大疫

二十五年丙午火焚養濟院死者三人

二十六年丁未署印主簿王一猷往上杭至伯公灘舟覆

失縣印。次年頒復。
三十二年癸丑。黃竹花實。民采食之。上杭豐頭賊百餘人刦掠湯頭村。
三十四年乙卯夏秋陰雨。城圮。募勇六十征倭。猝遇杭州朱仙橋。死者二十七人。
三十五年丙辰大水。城垣衙圮。典史潘瑞督修之。城濠復完。
三十六年丁巳。流賊竊發。縣令陶文淵改建豐圖等隘。設鄉兵禦之。以上據徐志。

四十年辛酉大饑饒賊圍城里老請保本府蕭推劉宗寅攝篆賑饑嚴防守擊卻之劉祠記云沙寇蕩平後邑無大警嘉靖庚申廣寇經連界無虞月辛酉大饑死者相枕於道連父老赴軍門叩請願以劉侯鎮邑事侯甫至附郭張坊及隔川之眾謀乘饑作亂即諭解散開倉大賑俾民以遠近就食未幾廣寇數千突迫城南侯悉心經畫糶瑞金粟資備峙調三隘義兵為率制賊攻城設奇應之賊買奸細內應密緝獲之賊計大沮時餘糧棲畝而城內糧僅支數日乃密令壯士乘夜入賊營因風縱火火猛風烈官兵乘之斬獲過半賊宵遁（童氏族譜童志德傳時有謀內變者歃血飲於廟醉遺冊載拾以告劉劉以示志德志德請以家口為質遂約諸父老名禽子弟之有名於冊者悉僇之）張鵬翼桑梓錄據請四十年廣寇復熾渠魁彭卿三饒人也一日薄入杭轄芋園貴夜偷過朗村直偪邑城攻圍三晝夜不已署邑劉節推急檄三隘義勇一鼓殺退寇宵遁劉公申請虔閩兩撫軍旌給義民冠帶為千百長者五員總理隘務外遏寇壞內輯

地方

令築新泉湯背寨土圍四百餘丈廣寇為亂鄉民請於道府准在湯背築土圍四百餘丈寇不能攻辛酉之役男子背城一戰殲賊幾盡據桑梓錄

按張希周新泉寨城記杭寇李三奴入境署縣劉公詳請道府率眾修築羅袍賴賜搗境二次民憑以衛是築城在辛酉禦寇不盡在辛酉也

四十一年壬戌廣寇羅袍等據庵湖營生員童邦傑計擒之廣寇張璉黨羅袍賴賜楊舜等蹦汀湖搖蕩我連勢張甚虔撫陸移鎮汀城檄能擒我首者予之舜邦傑抵庵湖營大呼願見主帥言事賴賜年少富家子亦諸生為袍誘脅者留邦傑宿邦傑說之降上其事於陸袍等進掠長

汀抵河田賜受邦傑計斬袍及舜以降詔賜邦傑六品冠帶廩膳終其身據童氏族譜邦傑傳遂進平清流永安諸賊劉祠記云是時清流有羅村之寇永安嶺後有土樓之賊宗寅自省回車調三隘兵以遙平之童志德傳志德從許邑侯尚靜東征嶺後大劇之逮破金村蓮花大洵等寨鄭寇惠銓款服後會擒李家賊巢救出難民以百數檄新泉義士張文慶等率鄉兵南討殲厥渠魁散其黨禽羅三妹傪之逮邑以安桑梓錄黃輝有勇善戰嘉靖末大破九龍巖寨禽賊蘇阿普威聲丕若隆慶年奉虔撫殷福撫何批示鄭三張友智羅通元禽寇有功各賞銀四兩黃輝戰功居最賞銀十兩給與哨官劉副漳南道軍前聽用據此則制平犀監劉前許後鄉兵之宣力為多

穆宗隆慶四年庚午朋口新泉大水民居漂蕩損人口數百漂沒湯背土圍　是年藍橋賊倡亂通判毛撲滅之

五年辛未縣令陳三俊築新泉北圍寨連上條據李梓錄

神宗萬曆二年甲戌大水壞田廬甚多參府志

四年丙子縣令郭鵬遷學宮於東門外徐志

九年辛巳夏霜有虎患城西南火據府志

十一年癸未邑令朱九卿清丈全邑田畝徐志田畝甚均民受其福

十二年甲申復遷學宮於城內原址

二十一年癸巳大旱

二十二年甲午大饑竹生米居民取以療饑　縣令牛大緯建文峯塔

二十八年庚子八月地震

二十九年辛丑金山祖廟燬大疫以上徐志

三十年壬寅縣令徐大化建南北二水閘復修湯背寨建閘詳水利志

張希周新泉寨城記曰鄉有土寨始自正統閑時葉宗留鄧茂七先後屠掠州郡有司拔閑興圖知止地為盜賊出沒之衝故設寨為全汀鎖鑰也初築以土脆薄易墩嘉靖四十年杭寇李三奴入境迫脅楊廷蘭楊廷胡等嚮應連邑為之繹騷署縣劉公詳請道府率眾修葺磊石為垣時則羅袍賴賜搗境二次民憑以衛全活宏多但亭出倥偬匠作鹵莽至隆慶庚午遂齧於洪水百堵崩落迄今三十餘年未有修復之議往歲廣東丹竹鎮等處變亂眾愁慘靡寧切望本寨之修恨無倡者邑大夫徐公屆撫斯邑加意保乂念連地水沴兵燹之為民患也壬寅歲夏因公出上杭不勞徒步躬覽形勢踏勘故址遂擬然命眾興修意殷殷焉罔於公車既返仰體德意集鄉之耆

老壯鬢紛誅乃事眾病土木繁興工費難鉅窮於思而拙於計族弟紫祖從堂弟倬因言於眾曰而輩患寡之難為功乎請隨土著之民丁糧多寡灑派丈尺而丁糧之中仍以糧為主丁次之不足以糧多丁盛尚義者增賠之其富而不能自任者鋪者出錢召募貧民得以應募而蒙其利功何疑乎不奏眾操然有得從而會議具呈於是委里老林國棟吳丘茂細諦丈尺之繁簡內察輿志之從違申詳三院道府皆蒙批允卜吉興工由五月初五始事僅閱浹旬而沿河大半屹然壁立即後山之役亦次第奏功矣周以事出不苟故條敘顛末記之於右見桑梓錄

三十二年甲辰冬地震徐志

四十六年戊午泮池水紅如是月餘青木石枝之皆變紅色徐志

九月加增遼餉該增銀三釐五毫明年十一月後加三釐五毫又明年三月再加二毫總計本色共加增遼餉銀一千七百二十三兩四錢三分七釐詳賦稅志

熹宗天啟元年辛酉二月大水。漂屋頹壞，人民損傷。徐志

三年癸亥六月大雨雹。大如卵，損禾稼。徐志

四年甲子泮池水復紅。凡二十餘日。徐志

六年丙寅秋冬旱疫。徐志

思宗崇禎元年戊辰，檄調各縣鄉兵守福州海口，邑募兵應之。徐志

二年己巳北安里饑，邑人李焜傾橐賑濟。見本志鄉行

三年庚午，畝加勦餉銀三錢。詳賦稅志

四年辛未，廣賊追上杭，掠長汀，職邑有備，他遁。平遠賊鍾凌秀與弟

復秀聚眾連子山銅鼓嶂（在惠湖門）二月賊掠永平寨守備千百戶把總皆死旋扎黃蜂溢知府林聯綬調兵禦之多敗死九月督撫熊文燦入汀會剿參將鄭芝龍督官兵焚其巢淩秀受撫師旋復秀復叛焚掠甚酷（參府志）

夏五月天雨黑粟（徐志）

八年乙亥徵助餉銀兩徵一錢（賦役志） 冬十一月地震（徐志 府志作十二月）

九年丙子春正月雨雹 夏四月饑縣令陶請發倉賑（徐志）

十年丁丑行均輸法（一曰因糧二曰溢壯三曰事例四曰驛遞詳賦稅志）

十二年己卯畝加徵練餉銀二錢（賦稅志）

十三年辛巳增修新泉湯背寨門樓女牆（桑梓錄 鄉土志）

十七年甲申正月元旦日食上元月食春饑縣令顧祖奎捐賑　夏六月二十七夜城外大水漂民居害禾　是歲三月流賊李自成陷京師十九日思宗殉社稷五月二十一日福王由崧立於南京改明年為弘光元年總兵吳三桂迎清兵破賊入關賊西走　十一月一日清世祖即位北京改元順治

弘光元年乙酉五月清師入南京弘光帝走降閏六月唐王聿鍵立於福州改元隆武

隆武二年丙戌三月大水　五月北安里大水　山寇取

維新書局印

北安之禾屢掠席湖園通邑士民練兵防禦徐志

八月清師入仙霞關帝自延平奔汀清師躡其後忠誠伯周之藩拒戰死之帝及宮眷從臣先後並死閩地悉平明紀

清順治三年丙戌十月縣令徐承澤教諭毛可仰典史徐一鵬先後涖任徐志

四年丁亥詔福建人丁地畝本折并衛所錢糧通照萬曆四十八年則例徵收天啟崇禎加派盡行蠲免福唐二藩僭號疊派横徵一切停止賦役志

八月山寇從隔口田入隔川焚掠迫縣縣令徐嚴為防守請兵援剿寇宵遁徐志

十二月寇破永安乘勢逼連圍城急渠魁趙士冕紿齎明寓官李士藻等三日城陷焚殺淫掠縣令徐承澤等咸不屈死協鎮高守貴率師殲之磔李士藻邑貢士童曰瑚及其五子皆死徐志參童氏族譜童曰瑚傳縣官搜集餘黨多連平民凡獲數百人幽於縣左每日錄百人一牌廷訊令吳保長認識保長搖首者輒死 見童能靈先大父建行公行述

五年戊子元旦大兵仍屯城外九日協鎮高入城防守十三日郡守李友蘭臨邑招撫大行賑卹 十五日寇陷南鄉席湖營寨協鎮高貴夜襲之斬馘無算賊氣沮 自陷城來黌宮縣署民房盡為灰燼僅存城隍五顯二廟城

市杳無人跡。是歲土寇兩陷揭坊寨（清末改竹安寨）。署縣同駐防譚（前志未紀名）內嚴城守，率精兵繞寨擊之，殺渠魁，餘黨驚遁。

按明思宗殉國甲申，迄乙酉而南都相繼淪陷。閩中鄭氏奉唐王入主福州，當是時浙、湘、兩粵、贛、蜀、黔、滇猶明朝之土宇也。鄭氏有異志，帝將西依楊廷麟、何騰蛟以圖恢復，詎掣曳不得行，而清兵既入關，兼程急進，逼及臨汀，車駕遂陷，全閩無主。前令李士藻僑寓本邑，義不忘明，與前貢士童曰瑚結土寇趙士冕等，冀興明室，用心不可謂不忠。名義不可謂不正。惜乎其與亂同事也。

六年己丑大饑。黄竹花結實。鄉民舂以代粟。

七年庚寅。署令王自成移城外集場於城内。嚴制兵丁無得騷擾。　三月葬故令楊方盛於城東門外。時值饑疫。死亡載道。暴骨如莽。捐貲悉爲掩埋。兵火後丁糧册籍無餘。令各里逐户挨查。彙成黄册。　九月五日縣令錢君銓涖任。土寇掠席湖營田心各鄉。請兵援剿。寇遁。　十二月十八日雷鳴。二十五日亥時地震。聲響如雷。越二日旦復微震。以上徐志。

十二年乙未三月饑徐志

十三年丙申正月望日大雪平地三尺旬日方消歲大有徐志

十五年戊戌令紳衿優免銀兩止免本身丁徭其田地與民一體當差賦稅志作十四年

設駐防兵丁酉戊戌後始設駐防兵自是民兵盡裁惟留民壯五十名後又裁三十名連城民壯二十名外巡檢司弓兵二十名僅以供役徐志

有明一代沿襲宋朝事例地方有事多用鄉兵清代罷鄉兵設駐防一鑒於鄉兵之多偶不可用一恐兵藏民間名為衛民實類銷兵至其末流民苶兵尤兩不可用

川楚髮捻之亂，防營無一可恃，仍賴團練以為支柱。蓋天下無不敝之法，調劑補救，在乎時措之宜而已。

十七年庚子，寇入姑田城兜鄉，楊江二姓房屋盡燬。徐志

十八年辛丑五月，移靖南王耿繼茂統師鎮閩。大將軍班師出閩，邑派民夫三千，協濟浦城。徐志

聖祖康熙元年壬寅，前任總督李率泰招撫海寇，先後投誠。徐志。按延平郡王鄭成功縱橫海上，去歲會張煌言入鎮江，圍江寧，為總兵梁化鳳所敗，遂棄金廈，取臺灣居之。本年五月卒，子經繼位，海患少息。此云投誠，蓋成功銅山都督蔡祿於順治十八年降清，投之官，使率部曲三千駐上杭。又五年，投誠都督顏彩移師江右，而邑人周立亦由率泰招撫投誠，授崇滿屯田都督。此皆山海之投誠者。

蔡祿事見上杭志藝文徐乾學游普陀峯記餘見本志大事及周立本傳

二年癸卯縣令杜士晉詳准免民間解米

四年乙巳奉文清丈通邑田畝 春初淫雨入夏大旱早禾無收縣令杜捐貲大賑 冬十一月十二夜有大星由西南飛抵西北長竟天聲如雷

五年丙午饑縣令杜捐賑如舊 五月投誠都督顏等移師江右臺檄取邑民夫二千餘名協濟上杭過山往返四十餘日民多疫死

十三年甲寅靖藩耿精忠反汀副鎮劉應麟應之放營兵搶掠派

餉募兵。堅擾鄉井。

十五年丙辰，大旱。徐志。五月二十日，叛將劉應麟結海寇吳淑、薛進思等復陷汀州。此云復陷，不知何時棄汀。十二月，大師至，應麟自焚其居遁。徐志參東華錄。

十六年丁巳，大饑。縣令汪文煜率紳衿西廟賑濟。徐志。邑庠羅逢舉築雲臺寨於文亨鄉，以防寇亂。徐志本傳。

十七年戊午，停科，越二年庚申補行鄉試。以耿精忠降故。

二十二年癸亥，秋歉收，冬大雪。臺灣平。

二十三年甲子，撥汀州鎮標把總一員駐邑，共額兵九十

二名分防縣城及水西嶺打鼓嶺新泉桃排各塘汛（徐志）

二十五年丙寅九月諭戶部福建地方昔年為賊竊據民遭苦累所有二十六年下半年二十七年上半年地丁各項錢糧及二十五年未完錢糧盡行豁免（東華錄）

元清皆以外族入主中國而軍政之措施不同即如連城元則置總管回鎮邑城以防羣盜清雖設把總一員而分防塘汛一縣之大止九十二人耳然元自世祖後招撫避盜百姓復業不數十年而有羅天麟之變旬日之間殘破六縣合三省兵力僅乃克之清自靖藩平定

不見兵革百八十年洪楊變興境內士民無與從者元日防亂而亂日亟清無事防亂而亂不興者何則寬暴異也宋政寬大元革之以苛竭四境之儲以供歲晚歲賜達魯花赤聽其陪臣自為縣尹以下拱手而已清承明末急役橫征而後一切與民休息順治丙戌即下詔免福唐二藩加派之命耿藩初定即蠲免廿六七年地丁錢糧以蘇民困康熙五十一年又有盛世滋生人丁永不加賦之諭飢者易為食渴者易為飲民安之矣安民則惠黎民懷之此所以歷久而變亂不興也

三十年辛未春旱三月始雷田栽一半秋禾倍收

三十一年壬申正月朔日食

三十二年癸酉詔頒孝經解義四書五經解義於學宮

三十三年甲戌正月大雨民居崩塌穀價騰貴斗米銀三錢

三十四年乙亥四月霜以上徐志

三十五年丙子春夏旱田栽一半 秋太白晝見虎擾鄉村

永定寇警署邑令王通判捐俸修城時永定溪南鄉得墩糾廣寇嘯聚陽遇山聲言將攻永定縣令楊岱率兵抵賊巢得墩燬艦餘黨即解散事在三十四年

是歲廣鄉

會議額。

三十六年丁丑。大饑。穀價銀一兩四斗。塗殍相望。閏三月日食。

三十七年戊寅。大有年。

三十九年庚辰十二月十五日地震。

四十一年壬午。詔賜老年銀帛。

四十二年癸未春旱。夏大疫。

四十四年乙酉六月二十八日申時地震。

四十五年丙戌五月初一日大水。平地水深數丈。漂沒田

維新書局印

廬畜產饑。以上徐志。

四十六年丁亥六月大水。十一月地震。穀價高騰。徐志。

五十一年壬辰虎入城。八月詔升朱子神主十哲後。徐志。

諭人丁雖增，地畝並未加廣，令直隸各省督撫將見今錢糧丁冊有名丁數，勿增勿減，永為定額。自後滋生人丁，不必徵收。見徐志及本賦稅志。

五十二年癸巳二月開萬壽鄉科。八月開萬壽會科。

溪邊鄉妖入境，閱兩月始去。

五十四年乙未十一月雷鳴。

五十六年丁酉竹生米鄉人取以為食　秋嶺兜鄉火

五十七年戊戌禾一莖兩穗

五十八年己亥自秋至冬虎患甚

五十九年庚子大有年秋大疫

六十年辛丑二月雨雪八月張洋鄉桃李梨發花十月皆結實較平時止半大

世宗雍正元年癸卯登極大赦覃恩優養七十以上老年男婦粟帛特恩鄉科明年特恩會科

二年甲辰二月補癸卯正科　詔建忠孝節孝祠於學宮

後。

四年丙午。大饑。邑令黃中美率紳士發賑。　自夏至冬虎患甚。

五年丁未。添設外委把總。

六年戊申四月。大疫。

七年己酉正月二十日。雪深尺餘。

十年壬子。大有年。

十三年乙卯三月。大風拔木。

高宗乾隆元年丙辰。登極大赦。覃恩優養年七十以上粟帛恩賜八十以上冠帶。

五年庚申大風雹。拔木壞屋。

七年壬戌春大旱。四月始雨。米貴。

八年癸亥。八月至十二月始雨。

十年乙丑秋冬大疫。縣令秦士望於豸山六逸草廬故址建五賢書院。（詳五賢書院碑記。）

十一年丙寅恩赦。蠲免錢糧。是歲春大旱。至四月初七日始雨。旱禾半收。晚禾倍收。

十二年丁卯夏旱。

維新書局印

十三年戊辰，饑。三月二十二日寅時，忽聞天上有聲，仰視一道光輝自西貫東，光芒射地。

十四年己巳，大有年。七月初六日大水。

十五年庚午，大水。七月又水。

十六年辛未，四月大水，五月又水，縣令徐尚忠詳請發倉碾米平糶。以上據徐志。

二十九年甲申，洪水驟發，近城房屋人民漂蕩甚多，南門外文川橋爲大樹衝倒。見邑人吴荆園筆記。

四十四年己亥，縣令鄭一崧於城北文昌閣建培元書院。

詳朱埕培元書院碑記

五十五年庚戌縣令楊環釐定培元租除撥足五賢書院一千桶為延師膏火費外悉為鄉會試公車之費詳鄉會試卷資圖冊序

仁宗嘉慶二年丁巳閏六月驟雨烈風城內水深數尺大瑩瓦桶吹落古樹折斷城鄉樹木吹折無數見邑人吳荆園筆記

二十一年丙子以壬申捐修試院並癸亥捐修府學文廟餘款建郡邑題名第仍置產業為新舊生得雋花紅

宣宗道光十年庚寅增建文明書院拓充租產二千餘桶

為新生花紅書院及公車花紅於大事無關且所習制舉業大都弋取功名非能致用然培養士類維護禮教地方多一正士即社會少一捨人乾嘉以後風醇俗美奸宄不生所以銷兵戎之萌者在此故志之

按五賢培元文明為我邑三大書院建於前清科舉停後改建學校所有中小學校教育事業多藉提倡補充以故邑雖山僻文化建設未嘗後人自應力謀保全振興教育為國樹人庶不致教育荒而人材墜落也

二十二年壬寅七月二十六七連日大雨南鄉朋口集場商店漂流殆盡死者數百人王城以下及三隘田廬淹塌無算為前明隆慶後三百年未有之大災

文宗咸豐三年癸丑邑南龍岡鄉平地池塘水忽暴溢洶涌如潮頭俄汪洋成水國久之始退魚蝦徧陵陸後聞諸鄉同日水溢見龍岡鄉人周運鏞筆記惟未紀時日上杭縣志水災紀異是歲六月淫雨十七日日無光城南水深至屋檐四山山裂石綻水從中湧出衝壞田畝無數不知與吾邑水災同日否

七年丁巳七月二十三日髮黨石達開別部由汀陷邑邑人禦之退邑人羅學敏重修竹安寨記曰粵寇倡亂廣西蔓延湖廣僭號南京我連僻處山陬燕雀處堂夷然自得迨咸豐丁巳四月由寧竊汀廿三邑西擁到匪黨千餘時承平日久人不知兵官逃民散幸天大雨寇火藥沾溼陡見鄉民蟻集自相驚疑因而乘勢殺散邑人以為殺賊如是其易自是有輕敵之心　時諸生謝志齊謝邦殿追賊死難適城南水漲鄉民斷橋避賊有緣袍賊躍馬過河逐難民壯士董華以戈擲之人馬落河逐浪去難

民得免見本志忠義傳

按丁巳之後髮黨大部陷汀轉竄瑞金分股沿汀江直下圍上杭杭令程尚塙拒卻之竄武平而去其犯邑千餘人蓋部分之最小者

八年戊午彗星長竟天每日黃昏有聲如裂竹　九月髮黨大隊復由寧化過汀我邑鄉勇裹糧往四堡邀截潰敗奔回敵跟蹤至初十城陷以上據修竹安寨記縣令蔣麟昌帶印起水邑民援之出乃走南鄉寓芷溪請援省粵圖恢復十一日南鄉鄉團前隊至戰城南鄉團長黃紀拔死之餘潰退

本志黃紀拔傳咸豐丁巳洪黨竄汀紀拔自出貲募勇堵禦上杭急率眾往援圍解戊午九月閩邑鑒起難至文亨城已陷率勇急進與敵遇於南門外姚坊橋時敵眾遍野紀拔大呼陷陳鄉團奔經戰陳先鳥獸散乃手刃數人為敵擒刺而死後數日連杭各鄉勇雲集復戰於席湖營又大敗敵敵乘勝掠莒溪總督王懿德分調大兵駐姑田金雞嶺粵督黃宗漢亦分遣員弁會剿相持數月。參莊溪訪冊兼採上杭志

二十九日冠豸寨破殉難義烈三千餘人

閩運錦等記邑東五里許有冠豸峭壁侵雲天險也邑人築寨禦寇恃為金湯山之麓為通東鄉孔道賊每出掠寨中人職賊無多輒潛出殺之比賊大至則憑險肆罵賊奮力攻寨寨側地名南塹險而隘不為備賊佯攻雲峰樓（在中路丹梯雲棧上為扼要城塹而陰賄土人為鄉導從升其嶺出吾上眾方扼中路突聞礮發寨內始知賊至錯愕不知所為寨遂破是役丁壯男婦老弱被屠殺者千人其由內寨進出數百人則黃君九林之功也當賊大至時外寨人群奔內寨寨門閉九林飛越塹垣援之入賊迫後關閉木石如

雨下賊乃退周上珍豸山義烈祠記
云殉難三千人蓋並投崖死者在內

冠豸寨在邑東偏東連石門巖南鄰旗石寨北接竹安寨巑岏突兀遠望之如萬朵芙蓉縱橫錯落西則文川九曲如環如帶盤繞其下誠名山奧區可以登臨可以觴詠而以言可守則未也何也可守之地必內寬平而外險仄冠豸反是其不可一也水泉僅天上來澤物泉金字泉數泓有源之蓮花洞水尚隔北塹外猝有大眾數日不雨便成涸轍其不可二也文川溪水僅可濫觴不足限戎馬之足其不可三也毗連諸堡寨勢各獨立

可與相望而不可與為援其不可四也彌望平疇而寨內則無一畝可耕藉曰平日儲峙儲能幾何糧糗薪芻不足給眾其不可五也多藏厚亡適足攜眾心而為招盜之囮其不可六也固守窮山外無游擊應援之眾其不可七也眾皆等夷無長官號令賞罰生殺之權以策其後其不可八也故恃險以守必亡之道也或曰信如斯言起潛先生胡為據此以禦晏頭陀豸峯公胡為據此以禦鄧茂七信之先生且曰冠豸天設之險四面峭壁其上平曠堪宅萬人夫冠豸之不足以宅萬人亦明

矣其為是言蓋先生在未築城前邑中無險可守不得已遠引南宋及明朝故事以維將散之人心俾知設險之要而思所以自效當是時溫文俊及李四孜諸寇東西交煽已追門庭急則治標惟有援起潛豸峯之前例扼守一寨而并不僅恃一寨必使闔邑上下有率然之勢而後一寨可守也後人不深究言外之意與所以守之之術謂恃一寨可以無恐咸豐戊午之難萃全邑精華於一寨酣歌漏舟之中高臥巖牆之下而又重為挑釁以小敵之堅遺大敵之禽彼尸其禍者不足責獨惜

殉義諸貞烈之為可悲而無辜婦稚血濺丹崖之尤為可痛也或者又曰冠多陷寇一邑諸寨多保無恙豈險盡不足恃歟是不然張釋之曰使其中有可欲者雖錮南山猶有隙况乘致寇必然之勢也我邑人其念之哉

九年己未彗星復見西南　正月初十日髮黨棄城南下至莒溪候補同知蘇宗勒（杭志作蘇鍾俊）惠州游擊鄭心廣千總鄭雲蛟與戰死之遂轉掠南鄉陷龍巖（邑人楊伯元庚申初十賞鐙詩曰去歲鐙期不可說西南妖星芒角出（自注時彗星復見西南）然思遠從棄城濠孤軍拒戰勢摧折王裕謙兵徒坐視一誰兩鄭獨死節（自注王裕兩鎮駐金雞嶺擁兵不救逆矣）莒溪大營鄉民聞警走倉皇百數十里炊煙斷　上抗傳

聞汀杭紀事詩曰。築壘連營扼莒溪。萬人戮力一心齊。誰知蛾賊將聯絡。豈料狼貪反噬臍。(自注敵佯退。)任舉千鈞誇孟鼎。(自注孟守備力戰)難支一木濟金陵。聽來總不如歸去。比戶心驚杜宇啼。臘盡春回各顧家。殘軍星散寂無譁。(客鄉團回家度歲)楊坊樓破難遺種。芷水燈遊尚有花。日久漸忘危近火。年新誰念亂如麻。文川殺氣騰騰起。諜報城頭噪晚鴉。傳聞上杭蛟洋人館楊孝廉伯元家。時任上杭治安綱總長。連龍武警報時至。作詩凡四十首。頗詳時事。

按丁巳戊午己未戰役。上杭志以為係太平軍石國宗。邑訪冊以為石鎮吉。或云國宗係髮黨封號。鎮吉其名。要之總屬翼王石達開部下。自金陵內訌。石部獨立。徘徊於鄂皖汀贛之交。其後由贛南入湘。圖寶慶。窺黔蜀。

號三十萬即此股也曾國藩奉命入閩進駐建昌戊午九月分遣張運蘭由杉關援閩蕭啟江由石城援閩後皖南危急張師中道折回北救景德入贛南者只啟江一軍其覆閩督王懿德函云凱章本擬由寧都進劉近聞寧國挫敗婺源景德賊勢甚張恐其內犯廣信復為閩浙之患是以改趨景德如連城之賊日久不退將來仍可改道聽候指揮其致官中丞函云汀州瑞金尚有賊十餘萬人致郭筠仙云閩賊分布於汀龍寧贛之間是石部蔓延各省非僅汀連數郡邑已也

王督分兵防金雞嶺只顧永安延平一路其於連城之陷與由莒溪轉陷他州縣視為無足重輕且以為粵軍駐札就近可以分任其責不思閩西南各州縣孰非己所轄之封疆委之粵軍防守已為不情況敵既棄連城南下當然與粵軍合勢蘇鄭拒其前王裕躡其後乃坐視不救豈獨王裕之咎何者王裕祇奉命防敵不聞奉命追敵蘇鄭死戰於我何與若救而萬一失利則獲違命致敗之罪即謂閩督明以不救示王裕閩督其何辭觀其平日措施邑令程尚墉有全城之功反以為罪事在

丁巳連令蔣麟昌請救不遣一矢聽其與粵師為進退杭志云苕溪之敗麟昌隨軍退白砂何以衛國何以衛民宜其灰袍澤之心而張紅羊之燄也

十年庚申十二月髮黨彭大順陷汀州督學徐樹銘試士遇變走邑聞道返省知府孫家良被執囚之合邑戒嚴上杭縣志十月中旬督學徐樹銘由龍巖抵杭謀報賊犯武平據城頭裹紅巾號花旗殷樹銘駐杭籌兵餉與知縣黃瑞梧游擊吉勒圖堪教諭張守訓等巡防十晝夜省遣游擊許忠標帶兵一千至武平縣令八十四先期催令進剿祗丞科橋遇敵吉勒圖堪力戰不利與許忠標退守高梧十一月朔樹銘赴汀按考知府孫家良與總兵袁良往來督守要隘武平告急袁鎮往援郡城益空虛 周運鏞筆記督學至杭聞警欲暫返省汀守某請考鋪張守具甚備遂

按汀贛賊彭大順閩學使按臨僞為商人赶考者兼程入汀伏城內適閩步射伏賊突考棚殺人武童數百持弓矢引滿外向賊未敢遽入考棚後院接龍山書院武巡捕某承徐以脣南越牆賊大至巡捕死之徐出東門奔羅坑遇余叔祖龍章主其家為募勇護送回省汀守為賊所執被殺邑城　長汀志學使抵汀進紳民籌防守勸捐輸得數萬金悉付知府孫家良募勇勇未集諜報瑞金陷紳民請發帑弗聽又云孫守為賊所執被殺連城據此則汀郡之陷誤於孫守汀人恨之信矣推被殺連城見汀志與連人華記同宜若可信或云逃至魚溪為鄉民亂石擊斃長汀民十七新志多主是說則恐因丁巳延英事相類而傳聞致誤者也考丁巳四月賊陷汀汀守延英倉皇出走魚溪為土匪所害見鄉先生楊伯元仿少陵七歌詩注若孫守亦出走魚溪亦為鄉民所斃事無如是之脗合若魚溪擊斃者實延英也傳聞紀事詩云素甲心驚拋眾旅同僚血濺瘡長城此詠丁巳汀鎮富勒興阿棄城事而兼及延英所云同僚即延英所云血濺瘡長城即指死魚溪也

十一年辛酉正月，官兵敗於童坊。汀轄，距邑七十里。二月，彭大順進陷邑城，殺孫家良。四月初六日，臺勇簡忠厚等四十一人戰死北團山下之渡頭橋，邑人即其地建祠祀之。周運鏞記山下義勇祠事：咸豐十一年，賊陷邑城，閩督命林彭義統臺勇千餘人助剿，勇皆手鳥槍腰鏢，敵遠則然槍擊之，近則飛鏢取之，百不失一。其戰法，多則四五十人，少止十餘人，零星散處，千餘人可分數十隊，倏忽聚散。時賊屯大隊北團，臺兵四五十人，人恃勇深入，賊圍之數匝。臺兵聚一處，每發一槍，輒殪一人，衝突不得出，藥盡彈絕，猶飛鏢殺賊百數十而死。邑人欽其義烈，為立祠，收骨瘞之，顏曰義勇，歲時祭享焉。按義勇祠題名碑，臺勇三十二人，嘉勇五人，連勇四人。是月，彭大順自邑出，掠入鄰轄清流特坑，距邑城二十里。鄉民狙擊之，殪。從隊忿而殲其鄉，餘黨旋潰散，游

擊楊三益會同林副將收復邑城及汀郡，郡邑肅清。參傳閩紀

事詩及訪册。詩云：棋逢敵手料難平，士卒爭先覽老彭。四野田兵窟萃伏，特坑首惡競雷轟。原稿作四堡，按四堡長汀界，與彭大順所死之特坑，相距尚遠，疑野字之誤，因茲喪膽潛行遁，倏爾逃歸不計程。散骨揚灰緣作孽，可能念佛使超生。自注：彭匪塗縣堂發掘梟首。

穆宗同治三年甲子九月，髮黨汪海洋竄據汀轄之南陽，邑城震動。李世賢襲陷漳州，別股據杭轄古田。閩督左宗棠命劉典、王德榜自邑進剿南陽，高連陞、黃少春、康國器進規漳龍，敵勢少殺。南京破後，髮黨沿浙皖竄贛，康侍二股為最強，連兵贛東，衆十餘萬，總超邀擊之許灣，大捷，殺敵五萬，幾潰不成軍，沿途收集散亡，由端金竄大埔，翻山轉陷武平，臬司張運蘭回援，戰殁

益熾，復分竄四出。海洋據汀，韓南陽為老巢，北犯邑南三溢，西犯長屬上下平原，所過村落焚劫為墟。世賢由南靖襲陷漳郡，提督林文察敗死萬松關（距郡東二十里）。花旗股丁太洋、林振揚竄永定、龍巖、漳平及杭北古田一帶，自漳逮汀，連營數百里，閩疆大震。時總督左宗棠在浙，急檄高連陞、黃少春、康國器分道進規漳、龍，親赴延平，令幫辦軍務劉典自寧化下連城，署臬王德榜由瑞金繼進。典先至邑，聞漳平圍急，恐海洋與之合，先進駐楊家坊，疾趨為洋洞，阻其狂竄；反受包圍，退邑城。敵乘勢進窺莒溪、朋口。十一月廿八日，王德榜至自汀州，趨莒溪，劉亦復自邑進朋口，別部王開琳由汀江下涂坊，相為犄角，設糧道以通餉道，上下聯絡，勢始不孤。采左文襄奏議

四年乙丑正月十一日，劉典、王德榜進駐楊家坊、新泉，先翦除古田下車、南嶺附近敵壘，以絕南陽、龍巖應援之路。約王開琳由涂坊逼茶樹下，敵勢始蹙。二十七日德榜

往南陽受降中伏守備王福泰死之敵乘勝擣新泉劉王并力大敗之敵部有自南陽向德榜約降為內應者事泄為海洋所殺逵德榜往陰伏兵截其後德榜率五營至大客店守備王福泰止之曰此行深入險甚子為軍帥軍中可無泰不可無子子請返泰冒子名以行若如約幸甚脫有不測子在軍可全譽亦可復許之福泰遂行抵伯公嶺伏發中槍死前驅殲焉後隊聞變速退自嶺以東達大客店滿布敵軍左追河不能出戰且退所餘無幾德榜既返新泉聞變即發兵援救至老姥山敵已由溫坊峰背山顶俯臨其上不能進保殘餘渡河登陴敵由榕樹門渡抵仙師宮如犄而進將撲城德榜親臨城上援抱應戰發礮摧其前部俄敵如風捲浮萍散復聚殊死戰而別部繞由小金山側擊勢幾殆劉駐楊坊分三營駐新泉間被追則發令全部從間道進跨新泉過小溪循老城而南徑上山坳切斷敵後路與德榜夾擊斃敵精銳數千敵不支潰退追奔十餘里是役也敵持三日糧擬先斃德榜乘勢進楊坊踏平劉壘陰約李世賢由永春直取福州已

則鏗永安向延平與左周旋以雪許灣之辱不意謀垂成
而忽敗鏗氣頓挫度終不可與爭遂決計棄閩入粵 左
文襄奏議敘楊坊之敗無隱情而於王福泰受降代死則
竟諱其事可知王部奏報不如劉部之翔實但此事彰彰
在人耳目地方搢紳父老能言之王福泰之義烈不可
遺劉部救危夾攻之功尤不可沒志之以補官書之闕

二月初四日汪海洋全股退出南陽劉王二部追之乃分
道杭永武入粵邑境解嚴海洋據南陽久搜刮一空無所
得食而江西劉軍大集恐不得
出擬由龍永入漳與世賢合會世賢敗丁太洋降龍漳郡
縣多為官軍收復劉王追師又節節進追轉入杭南適變
營譁變乘機圍杭城不得逞乃收叛軍及世賢餘黨渡大
姑跨中都下大埔竄象洞陷鎮平蹂躪贛南粵東諸縣十
月反撲嘉應州城陷之左宗棠督諸軍圍劉十
二月海洋中槍死城破髮黨平 參湘軍戰紀 是歲大
饑饑民以草根樹葉為食

聖宮儒學豐修未竣工至是落成詳建築

五年辛卯。復修五賢書院。建義烈祠於旁山。以祀諸殉難者。時全家殉難者多。無從查悉名姓。祇據報名皆書。

八年庚午。縣令胡鍈棠從邑紳周上珍等請。倡建城育嬰局。以育嬰孩。大兵之後。養活為難。生女多不育。至是創育嬰局。章程甚備。溺女之風為之一變。此外善舉。如局側有宏仁堂以施棺木。廣福堂以掩暴露。公善社以施藥治病。並詳恤政志。

咸同亂後。地方凋敝。元氣未蘇。地方長官父老首先修復聖宮儒學書院。以維正誼。定民志。復創設各慈善事業。以恤平民之無告者。人心既轉。天心亦隨而悔禍。宜其兵氣潛銷。太平復見也。

十二年癸酉九月十七夜大風平明起視徧地黑粟粒圓而兩頭稍尖民有取以為食者（見周運鏞筆記）

德宗光緒二年丙子復增修五賢書院

十三年戊子文川大水夜半文亨鄉隄決居民多淹死損壞田廬無數

十六年庚寅五賢書院校舍配享廳落成清出民匿僧田增加膏火（見學校志及鄉行吳豐龐傳）

十八年壬辰十一月二十七夜大雪平地深三尺許檐霤垂雪條尺餘河水結冰魚多凍死

十九年癸巳，重建縣署六房廨舍。十一月，西水門外大街火。

二十年甲午二月十九夜，北門街大火。是歲，捐建禮樂器局。自邑先生童積超倡製樂器祭器，後垂七十年，海經兵燹，禮壞樂崩，邑紳吳賞鹿任連江學歸，倡議修復，縣令楊濱題其議，令眾募捐，擇儒學側公地建禮樂器局，器數宮懸架然大備，聘杭人郭夔教導佾生，以時肄習。

二十一年乙未，重整城垣，修復城北雄鎮樓。樓建於前明，未總圮，至是縣令楊濱重修。

是歲，知府胡廷幹偵獲哥老會首領矮伯公於南鄉莒溪安民廟內，殺之。矮伯公，長汀人，與常直臣等為哥老會首領，混進荒籍民內，到處散賣票布，誘人入會。曾經杭令賀沅驅逐出境，至是流竄入連。汀守胡廷幹聞之，密飭楚軍桂勇某管帶轄線沿途路之歷數小鄉，恐其黨與眾多，拒捕逃脫，到芷溪偵知住安民庵內，乃帶隊數十，隔十里寓宿，天未明抵芷，搶捕圍庵數匝。伯公擬闖圍出，或教以倉上有空棺，藏其中，誰知者從之，勇入，徑搜空棺，槍刃交下，立械繫送郡，僇之。

二十三年丁酉正月，大雪封山，竹樹折壓無數。

二十四年戊戌，卯金局成立，生童補廩入學卯禮悉由公例送。建公所於郡城西隅，設亭廳於文明書院，以義捐諸公配。先是郡邑兩學每歲科試生童補廩入學需索甚苛，學憲及地方官以教官清苦，未忍過抑，貧生多破產。邑中老宿深閔之，向城鄉募捐卯金，至是成立於文明書院，附設亭廳，祀長官及倡捐義捐諸神主。另於汀郡城西隅購地改築為達城卯金公所，兩學卯禮由公例送，邑士免累。

二十六年庚子，大饑。五六月間，青黃不接，米每斗價漲至一兩三四錢。父老言：同治甲子大饑

新穀收成價即銳減庚子秋收價雖稍跌未幾仍漲良由百貨騰貴穀價因之而高非獨歉收故也自是迄民國穀價物價遞增幾至三倍有餘幸

工價亦與加增苦力尚足自活八月十五夜署前街大火

二十七年辛丑三月初十日大風雨雹五月初三夜大雨淋漓不斷初四日黎明大水朋口市集掃蕩殆盡死者三百餘人沿河遠新泉人畜田廬損失與道光壬寅埒

是歲因庚子賠款收隨糧捐每兩加增錢二百（自康熙永不加賦之諭下後恪守之雖髮捻苗回疊經變亂釐金捐納並行未嘗加賦茲所加無幾而信用失矣）

二十八年壬寅倉穀生蟲（蟲小才如針頭紅質白穀能穿小孔外形完好而籽粒已盡）

三十年甲辰收漳廈鐵路捐每兩加錢二百（漳廈鐵路總辦陳寶琛請

收鐵路捐。丁銀每兩糧米每石加錢二百文。有准試辦一年。計費公帑百餘萬。僅成嵩輿一段十餘里。陳素以清正聞。而成效如此。

是歲。縣令姚守穀改城東東塔寺為官立兩等小學堂。停科舉詔下。省府州縣競設學堂以宏教育。邑擬先設官立小學堂為各鄉模範。適東塔寺僧不守清規為人指摘。邑紳以改墨歸儒請。知縣姚守穀許之。先設官立小學堂。後并設初等為兩等小學。即寺基改講堂循舍。擬寺租為學堂常費。不足酌提豸山培元文明祖息津貼之。以童積誠為學堂監督。

三十一年乙巳三月二十七夜大風。雄鎮樓全部摧毀。

三十二年丙午省試考取優貢三十名。

三十四年戊申縣令張焯奎開設縣立簡易師範學校。以一年為期。計畢業百餘人。

宣統元年己酉省試拔優雜職鄉試停罷八月彗星見凡一月餘沒是歲省諮議局成立

二年庚戌會考舉貢於京師會試停罷是歲開辦去毒支社設戒煙所於龍山祖廟

三年辛亥九月十九日黎元洪起義武昌各省民軍響應孫道仁在福州獨立邑挽留前任知縣張焯奎維持秩序人心大定時丁改革汀郡有樊彪之變上杭有鄭從書之亂警報頻聞輿情惶惑城鄉紳耆留焯奎在邑鎮撫焯奎在任久清慎穩重夙為闔邑愛戴省府令下焯奎遵即出示布告戒民間恪守秩序毋得自相驚擾仍飭各鄉整頓保甲舉辦聯防嚴防游勇流氓入境旬日之間人心大定長轄南陽匪警邑南

諸鄉團函南陽當地士紳協議聯防規則於馬洋洞匪不敢發南陽為長汀下平原里地方邊關附近一帶紅會會匪時常往來下南三隘諸鄉以兩邑交界地方有連帶關繫特函各當地士紳在馬洋洞開會議定協防規則一處有警各處互相援救查緝敗類無許留藏自是紅匪斂跡道路通行相安無事 十一月十四日中華民國臨時政府於南京成立舉孫文為臨時大總統改用陽曆即以是日為元年一月一日

中華民國元年壬子一月二十六日開臨時參議院於南京 二月十七夜西門街大火 是月清帝退位參議院選袁世凱為臨時大總統 六月開臨時省議事會議定改鐵

路捐為縣自治會經費。清季以來，錢糧留省加耗名目繁多。至是議定錢糧徵收價目，丁銀每兩收台伏二千一百七十四文，糧米每石收台伏三千九百一十二文，除去留省加耗諸名目。八月開臨時縣議事會，選黃詔鏘為議長，吳作梅為副議長，以文明書院為會所。先議定禁賭禁煙各議案，交由縣府執行。

二年癸丑，國會參眾二院成立，城鄉自治會陸續相繼成立。知事梁禹璜涖任，厲行禁煙，飭各自治會分段負責。禁煙辦法，先從禁運入手。各處敗類借檢查煙土為名，來往客商，恣行搜刮，鄉鄰亦受檢查。禹璜深知無賴橫行，由地方自治會不負責任，嚴責當地會長、會員分段負責。仍令未辦自治地方，迅速成立，各負責任。

三年甲寅，籌辦縣立中學校。學校，先是邑中疊辦多峯文場中學校，迄未成立。知事周應慈涖任。邑人以合邑小學三四十所。無中學爲升學地。各生負笈各處。跋涉爲艱。稟請籌辦中學。一面函知學紳各界。趕于明年二月以前到邑開會。捐貲擇地籌辦建築。以便秋季開學。當即畫定舊儒學明倫堂禮樂局及把總衙署。爲中學校地址。於明年春季興工。

四年乙卯夏四月。北安里大水。淹沒田廬。近河地方。損失甚鉅。八月縣立中學落成。舉鄧光瀛爲校長。招生入學。

五年丙辰。縣知事陳一堃奉省令修邑志。開修志局。邑志自清乾隆十六年徐令尚忠後。失修百七十年。地方人士。怨物換星移。老成凋謝。文獻無徵。非及時續修不可。議定於文明書院開局。舉定纂修各職員。開始纂修。仍遵省頒志例。所采事蹟。以民國五年前爲限。

連城縣志卷三終

【民國】長汀縣志

黄愷元等修　鄧光瀛、丘復等纂

民國三十年(1941)鉛印本

長汀縣誌卷二

大事志

丘復原纂
廖荻甫續纂

中華民國紀元前一一七六年（唐玄宗開元二十四年丙子）開福撫二州山洞置汀州領縣三（舊唐書地理志）新羅黃連長汀（汀州府志 考異舊唐書新羅作龍巖黃連作甯化均天寶元年更名又新書有沙縣龍巖縣大曆十二年始所改）先是開元二十一年福州長史唐循忠於潮州北虔州東福州西光龍洞檢責得諸州避役百姓三千餘戶奏置州因長汀溪以爲名（李吉甫元和郡縣志 考異李世熊甯化志暨舊縣志寰宇記九域志胡三省通鑑注循忠奏開作開元十三年置州作二十六年開置循忠於二十一年入奏二十四年始成觀新舊唐書可見舊唐書汀州下載開元二十四年從福州都督府下書長安二年析泉建地置武州開元二十二年置漳潮二州今從舊建泉汀四州是開元二十二年己有汀州矣元和志爲得其實）州治新羅（新唐書太平寰宇記引十道志樂史寰宇記）縣治長汀村（寰宇記汀州府志舊縣志○按寰宇記云長汀縣舊治在九龍水源長汀村舊縣志云長汀村在上杭縣北十五里去今治二百二十里）

前一一七年（天寶元年壬午）改汀州爲臨汀郡（舊唐書地理志）新羅爲龍巖黃連爲甯化（唐志 按甯化更名見新唐書而漳州龍巖下不載更名）

前一一五四年（肅宗乾元元年戊戌）復臨汀郡爲汀州（舊唐書）

前一一四三年（代宗大曆四年己酉）徙州治長汀白石村（舊唐書地理志並參十道志寰宇記 考異十道志寰宇記舊云州初置治新羅縣後徙長汀白石）

刊新唐書云初治新羅大曆四年徙治白石曾長汀縣地不以新羅為遷名與曆之新羅縣既并時卷一縣是沿革考徙治之年隋一統志汀州廢長及建置會誤作大曆十四年古體新羅故城引新唐書志及寰宇記皆作大曆四年不誤新修龍巖縣志遂據以駁州舊志雖之說云唐於大曆十二年移隸漳州時縣即為汀州州治不應於州治未徙之先別隸漳州不如大曆十四年實四年之誤也

從觀察使李承昭 寰宇記 刺史陳劍奏請也 府志 縣初治湲汀村後遷東坊口至是又隨州遷白石鄉 府縣志 參汀府志 云東坊口去今治五里白石鄉去府城二百餘里今治在宋為夜錦鄉通志以為宋又遷夜錦鄉考舊志大曆四年刺史陳劍遷郡城臥龍山陽西北負山東瀕河南據山麓長汀名實附郭置營城外觀察使四十年吉水羅洪先修郡記可見故府志云去城南二百步又舊志以州治自新羅遷長汀村後遷東坊口故府志古體舊府城在長汀縣左里名東坊口大丘頭與新唐書志十州志寰宇記各書不合今特附志於此 是年劍又奏析龍巖湖雷下堡置上杭場 舊志 按上杭舊志在今永定豐田里 永定志云卽今下湖雷肖翼職縣等

前一一三五年 大曆十二年丁巳 割龍巖隸漳州 新唐書地理志漳州條下 從皇甫政之奏也 元和志 上杭場仍屬於汀 永定縣志 以建州之沙縣屬汀州 新唐書志

前一〇二七年 僖宗光啓元年乙巳 正月王緒陷汀漳二州 新唐書僖宗紀 皆不能守 通鑑 先是廣明中黃巢犯闕江淮盜賊蜂起賊帥王緒自稱將軍陷固始縣王審知兄潮時爲縣佐緒署爲軍正蔡賊秦宗權以緒爲光州刺史宗權責租賦於緒緒不能給 二句據通鑑增 遣兵攻之緒率衆渡江所在剽掠自南康轉至閩中入臨汀自稱刺史 舊五代史王審知傳 陷漳浦有衆數萬緒性猜忌部將有才能者多因事殺之潮頗自懼軍次南安乃選壯士數十人伏篁竹間伺緒至躍出擒之囚之軍中緒後自殺衆推潮爲

主 新五代史閩世家 按閩世家云王審知光州人胡三省通鑑注曰王緒之兵自此入閩爲潮兄弟剏據之資長汀舊志武夕據汀變殘兵孜孜昭宗書誤

前一〇一九年 昭宗景福二年癸丑 五月庚子王潮陷福州自稱留後汀州刺史鍾全慕叛附於王潮 新唐書昭宗紀 胡三省通鑑注王氏自此遂據有七閩矣 考異閩世家王緒既自殺衆將推潮爲主是時泉州刺史廖彥若貪暴泉人苦之聞潮至相率留之潮即引兵圍彥若逾年克之光啓二年福建觀察使陳巖表潮泉州刺史景福元年巖卒其壻范暉自稱留後潮遣審知攻之久不克請班師潮不許又請潮自臨軍且益兵潮報曰兵與將俱盡吾當自往審知懼乃親督士卒攻破之暉見殺是歲唐即以潮爲福建觀察使潮以審知爲副使卷末註王潮實以唐景福元年入福州拜觀察使後人紀錄乃附騎馬來騎馬亦之讖以爲據證以王潮光啓二年歲在丙午拜泉州刺史爲始年至保大四年歲復在丙午而滅故爲六十一年然其爸有閩國則當自景福元年爲始實五十五年也又本書十國世家年譜末註王氏世有曰潮曰審知曰延翰曰鏻曰昶曰曦曰延政凡七主爾期以景福元年歲在壬子始入福州至保大三年丙午而滅實五十五年諸書作七主五十六年六十年六十一年皆誤按五代史唐書本紀皆出歐陽修之手潮入福州紀作景福二年五代史作元年自相歧異今從通鑑作景福二年 冬十月戊戌以泉州刺史王潮爲福建觀察使 通鑑

前一〇一八年 昭宗乾寧元年甲寅 黃連洞蠻二萬圍汀州 胡注黃連洞在汀州寧化縣南今潭飛漈即其地 福建觀察使王潮遣其將李承勳將萬人擊之蠻解去承勳追擊之至漿水口破之閩地略定潮遣僚佐巡州縣勸農桑定租稅交好鄰封保境息民閩人安之 通鑑

前一〇一六年 乾寧三年丙辰 九月庚辰升福建爲威武軍以觀察使王潮爲節度使 通鑑 考異閩世家唐以福州爲威武軍拜審知節度使在乾寧四年潮卒之後今從通鑑

前一〇一五年 乾寧四年丁巳 威武節度使王潮弟審知爲觀察副使潮寢疾命審知知軍府事十二月丁未潮薨審知自稱留後表於朝庭 通鑑

長汀城區印刷合作社印

前一〇一四年（光化元年戊午）三月己丑以王審知充威武留後冬十月癸卯以威武留後王審知爲節度使（通鑑）累遷同中書門下平章事封琅琊王（閩世家）

前一〇〇三年（梁太祖開平三年己巳）四月庚子以王審知爲閩王（通鑑）加拜中書令升福州爲大都督府（閩世家）

前九八八年（後唐莊宗同光二年甲申）四月漢主劉龑引兵侵閩屯於汀漳境上（胡註閩之汀漳二州界與漢之潮州接壤）閩人擊之漢主敗走（通鑑）

前九八七年（同光三年乙酉）十二月辛未閩忠懿王審知卒子延翰自稱留後汀州民陳本聚衆三萬圍汀州延翰遣右軍都監柳邕等將兵二萬討之（縣舊志武功見通鑑）

前九八六年（同光四年丙戌是年四月明宗改元天成元年）閩人破陳本斬之（仝上）三月辛酉唐以延翰爲威武節度使五月甲戌加同平章事是歲莊宗遇弑中國多故延翰驕淫殘暴十月己丑自稱大閩國王立宮殿置百官威儀文物皆倣天子之制而獨稟唐正朔與其弟泉州刺史延鈞建州刺史延稟有隙十二月鈞稟合兵襲福州稟順流先至執延翰斬之推延鈞爲

威武留後（通鑑參閩世家）

前九八五年（天成二年丁亥） 五月癸丑以威武留後王延鈞爲本道節度使琅琊王（通鑑）

前九八四年（天成三年戊子） 七月戊辰以威武軍節度使王延鈞爲閩王（通鑑） 延鈞度民二萬爲僧由是閩中多僧（通鑑）

前九七九年（長興四年癸巳） 延鈞始謀稱帝表唐求爲尚書令不報職貢遂絕至是卽皇帝位國號大閩大赦改元龍啓更名鏻（通鑑） 龍啓三年改元永和爲子繼鵬所弑（閩世家）

前九七六年（晉高祖天福元年丙申） 繼鵬既立更名昶改元通文（閩世家）

前九七三年（天福四年己亥） 左僕射同平章事王延羲使兄子前汀州刺史繼業弑昶自稱威武節度使閩國王更名曦改元永隆（通鑑）

前九七一年（天福六年辛丑） 閩王曦以建州爲鎭安軍以延政爲節度使封富沙王延政改鎭安曰鎭武曦疑其弟汀州刺史延喜與延政通謀遣將軍許仁欽以兵三千如汀州執延喜以歸曦自稱大閩皇領威武節度史與延政治兵相攻十月曦卽皇帝位延政自稱兵馬元帥閩

同平章事 通鑑

前九七〇年 天福七年 壬寅 富沙王延政攻汀州四十二戰不克而歸敗福州兵於尤口 據續志 見通鑑

前九六九年 天福八年 癸卯 閩富沙王延政稱帝於建州國號大殷大赦改元天德 據續志 見通鑑

前九六八年 開運元年 甲辰 初連重遇既弑昶懼爲國人所討與朱文進連姻以自固閩主心疑之常以語誚重遇等重遇等益懼至是乃弑曦擁朱文進升殿率百官北面而朝之以許文鎮守汀州稱晉年號時開運元年也及泉漳皆殺文進所置刺史降建州文鎮懼以汀州降於延政延政已得三州福州亦殺重遇文進函二首送建州是時南唐李景聞閩亂發兵攻之延政遣其從子繼昌守福州而南唐兵急攻延政 閩世家 考異閩世家以許文鎮守汀爲朱文進所署[illegible]降[illegible]延政已得三州而遇[illegible]文進傳首建州[illegible]福州[illegible]見通鑑

前九六七年 開運二年乙巳 南唐保大三年 正月殷改國號曰閩五月許文鎮敗[illegible]兵於汀州執其將時厚卿八月唐兵拔建州閩主延政出降九月許文鎮以汀州降於唐 據續志 見通鑑 閩自唐昭宗景福二年癸丑王潮陷福州汀州

刺史鍾全慕舉郡附之至是七主合五十三年考異縣舊志云閩自王審知據福建至延政降唐凡七主合六十年誤又閩世家作梁開平元年入福州至開運三年而滅合五十五年前後皆差一年茲從通鑑

前九六四年南唐保大六年戊申　南唐改置劍州割沙縣屬之清一統志　考異舊府縣志俱作保大四年割沙縣歸劍州按保大四年陞鐔州從延平軍六年始改爲劍州則沙縣割隸自當在六年

前九一八年宋太宗淳化五年甲午　汀州轄二縣長汀寧化　割縣南境益上杭場置上杭縣割縣西南境益武平場置武平縣宋史地理志汀州府志

前八七六年宋仁宗景祐三年[illegible]　呂璹知漳浦適汀虔寇發璹募民爲兵教以攻守之法賊不敢犯舊志武功

前八五六年宋仁宗嘉祐元年丙申　初江湖運鹽既雜官估復高故百姓利食私鹽盜販者衆捕之急則起爲盜江西之虔州地連廣南而福建之汀州與虔接壤虔鹽弗善汀故不產鹽二州民多盜販廣南鹽以射利每歲秋冬田事纔畢十百爲羣持甲兵旗鼓往來虔汀漳潮循梅惠廣八州之地或而至刼掠與巡捕吏卒鬬格殺傷吏卒依阻險要捕不能得或赦其罪招之浸淫滋多嘉祐以來議者請商販廣南鹽入虔汀所過州縣收算或請放虔汀漳循梅潮惠七州鹽通商或謂第歲

運淮南鹽七百萬斤至虔二百萬斤至汀民間足鹽寇盜自息或請官自置鋪役兵卒運廣南福建鹽至虔汀江西提點刑獄蔡挺制置鹽事乃令民首納私藏兵械給巡捕卒而販黃魚籠挾鹽不過二十斤徒不及五人不以甲兵自隨者止輸算勿捕緣是減侵盜之弊異時汀州人欲販鹽輒先伐鼓山谷中召願從者與期日率常得數十百人已上與俱行至是州縣督責者保有伐鼓者輒捕送盜販者稍稍畏縮宋史食貨志下四鹽中　按李忠定公申省府密院相度措置虔州盜賊狀云契勘虔賊每年止於冬月農隙之時合衆持杖往廣中販鹽圖利後來漸次於循梅潮州村落間劫掠巡尉不敢誰何從茲漸衆遂犯州縣云云是虔寇之興起於北宋其始不過販鹽求利而已至建炎後則李敦仁陳顒周十隆彭友之徒遂致陷城殺官燎原之火起於一星呼可畏已

前八四六年英宗治平三年丙午　唐大曆四年刺使陳劍遷治築城大中初刺史劉岐創建敵樓百七十九間至是郡守劉均承旨增廣之府志城池

前八四五年治平四年丁未　六月進桐木板有文曰天下太平宋史五行志三舊志祥異

前八三五年神宗熙甯十年丁巳　熙甯間賜知汀州藍丞書曰日者逋寇弄兵江西小警睽師逸入北境汝捍固本土協議外臺間募短兵帥屬衆力休有方略訖致殄平爾勞居多使者言狀有懷衆力良切美焉按此事不見郡志知時小寇發志略而不書者固多舊志武備

前八二七年（元豐八年乙丑）元豐間汀鹽寇肆掠特除方嶠知汀州嶠至悉以詔平之㶚按宋時汀州鹽寇之興自承平時相繼踵起蔓延至百餘年之久者以鹽法病民也神宗時上聞閩中患苦鹽法適邵武人黃履知制誥毋憂服除上謂履自閩來可恃以爲決履陳其法甚便遂不復革鄉論鄙之（府志武功）

前八二二年（哲宗元祐五年庚午）嘉禾生三十六穗（宋史五行志二下府志祥異）

前八一三年（元符二年己卯）楊朏以滑州推官攝長汀縣事時盜多嘯聚朏擒治首惡境內肅清（府志武功）

前七八二年（高宗建炎四年庚戌）七月己未詔州縣諭豪右募民據險立柵防遏外寇（宋史高宗紀詔江浙福建）十月辛卯虔州賊李敦仁及弟世雄舉兵破虔州石城縣（宋史高宗紀）

前七八一年（高宗紹興元年辛亥）二月李敦仁犯汀州四月呂頤浩遣統制閻皋通判建昌軍蔡延世襲擊李敦仁擒其弟世雄世臣（宋史高宗紀）

六月甲午蠲建劍汀州邵武軍租（宋史高宗紀）

九月戊午禁福建轉運司抑民出助軍錢壬寅遣御史胡世將督捕

盜賊

前七八〇年（紹興二年壬子）四月壬申釋雜犯死罪以下四七月辛酉蠲被兵之家田稅八月戊戌振饑（宋史高宗紀）去秋七月虔州賊陳顒作亂是年十一月辛酉陷汀州武平縣（宋史高宗紀）

前七七九年（紹興三年癸丑）二月癸丑虔州賊周十隆犯梅循汀州詔統制趙祥等合兵捕之（宋史高宗紀）

前七七八年（紹興四年甲寅）八月己亥周十隆出降爲官軍所掠復遁去犯汀循州（宋史高宗紀）

前七七七年（紹興五年乙卯）五月庚子周十隆降九月甲午復叛犯汀州戊戌遣統領王進李貴討之（宋史高宗紀）郡守黃武增修城上築隄（舊志城池）朝廷以建劍汀邵細民生子多不舉命州縣於鄉村置舉子倉儲米遇生子者人給米一石（舊志公署）

前七七六年（紹興六年丙辰）正月甲午振江湖福建浙東饑民命監司帥臣分遣僚屬及提舉常平官躬行檢察（宋史高宗紀）先是元符時以縣東南地置蓮城堡至是攝汀尉虞覲請置縣郡守

鄭強析縣古田鄉六團里益之置蓮城縣（汀州府志）

前七七二年（紹興十年庚申）　五月丁酉以福建廣東盜起命兩路監司出境共討六月丙午命兩浙江東福建諸州團結弓弩手（宋史高宗紀）

朝命翟皋統廣東摧鋒軍駐汀平賊（汀州府志）　建炎間楊勍亂後贛梅賊屢起是年翟皋統廣東摧鋒軍一千二百人到州權住同慶文殊寺十一年朝旨存留就州駐劄以平賊十三年叛寨南山下改隸左翼軍及羣盜滅取回摧鋒軍止留左翼軍置正副將以郡守領節制焉（務志武功）

前七六八年（紹興十四年甲子）　三月己巳蠲汀漳泉建四州經賊殘蹂民戶賦役一年（宋史高宗紀）

十二月汀賊華齊寇漳州長泰縣安撫司遣兵討之爲所敗將佐趙成等死之（宋史高宗紀）

前七六七年（紹興十五年乙丑）　四月甲午遣後軍統制張淵討捕福建盜賊（宋史高宗紀）

時虔梅及福建劇盜有管天下者其徒日衆攻掠縣鎮鄉民多結砦自保先是福建帥臣莫將上言漳泉汀劍四州接江西廣東之境游

手從賊執識山路引其直衝山路如入無人之境官軍不習山險多染瘴癘艱於掩捕乞委四州守臣募強壯游手每州一千人爲效用時統制官張淵措置本路盜賊請逐州先招五百人而將改帥廣東以知虔州集賢殿修撰薛弼爲福建帥本路鈐轄李貴領兵討管天下失利爲賊所執轉運司申樞密院有言閩人勇於私門怯於公戰莫將所招游手易聚難散於事不便詔下安撫司共議薛弼以爲廣東總管韓京每出必捷正以所部多土人故所向克捷今本部素無土兵故連年受弊弼又謂前守章貴有武夫關封人周虎臣石城人陳敏者丁壯各數百皆能戰視官軍可一當十乃奏虎臣爲本路副將敏爲汀漳巡檢選丁壯千人號奇兵日給糗糧責以滅賊 續通鑑卷宋史薛弼傳

七月丁卯免汀漳二州秋稅 宋史高宗紀

前七六六年 紹興十六年丙寅 九月甲午賞統制張淵韓京等討捕福建廣東諸盜功各進官有差 宋史高宗紀 初福建路自創奇兵虔梅草寇不敢復入境至是悉平詔巡檢陳敏以所部奇兵四百及汀漳戍兵之在閩者並爲殿前司左翼軍即以敏爲統制官留戍其地 續通鑑

前七六五年 紹興十七年丁卯 州羊無角是年盜妨農郡縣賑粟貸種 府志祥異

前七六四年 紹興十八年戊辰 三月戊寅罷汀州諸縣上供銀蠲茶鉛本錢之半 宋史高宗紀

前七六三年 紹興十九年己巳 五月壬午朔詔汀漳泉三州民田被賊蹂躪蠲其二稅 宋史高宗紀

前七六二年 紹興二十年庚午 七月庚寅罷泉漳汀三州經界 宋史高宗紀

前七六〇年 紹興二十二年壬申 六月蓮生同蒂異萼者十有二 府志祥異

前七四九年 孝宗隆興元年癸未 正月福建諸州地震 宋史孝宗紀

郡守吳南老增修敵樓五百一十五間 府志城池

前七四四年 乾道四年戊子 二月甲午朔詔福建劍汀邵武四州軍科賣官鹽騷擾民戶可將本路鈔鹽盡罷轉運司每歲合拋發鈔鹽錢二十萬貫並蠲免部令本司於八州軍增鹽錢並將樁留五分鹽本錢拋認七萬貫以充上供起發今後州縣不得更以賣鈔鹽爲名依前科數騷擾 續通鑑

前七四三年 乾道五年己丑 四月辛丑詔福建路貧民生子官給錢米 宋史孝宗紀

前七三一年（淳熙八年辛丑）三月戊午以潮州賊沈師爲亂趣帥憲捕之十二月廣東安撫鞏湘誘師出降誅之明年六月甲寅詔汀漳二州民爲沈師蹂踐者除其賦（宋史孝宗紀）

時程大昌守汀境有寇亂戍將蕭統領兵戰死之閩部大震漕檄統制裴師武討之師武以未得帥符不行大昌手書趣之曰事急矣有如帥責君可持吾書自解時賊謀攻城先使諜者裹甲縱火爲內應會師武軍至復得諜者賊遂寢（府志武功）

前七二八年（淳熙十一年甲辰）四月不雨至於八月亡禾（宋史五行志 汀府志祥異）

前七二六年（淳熙十三年丙午）十二月辛巳減汀州鹽價歲萬緡（宋史孝宗紀）是歲四川安撫制置使趙汝愚言汀州民貧而官鹽抑配視他州尤甚乞以汀州爲客鈔事下提舉應孟明及汀州守臣議孟明等言上四州有去產鹽之地甚邇者官不賣鹽則私禁不嚴民食私鹽則客鈔不售既無翻鈔之地則客買銷折所以鈔法屢行而屢罷四川闊遠猶不可翻鈔汀州將何所往故鈔法雖良不可行於汀州惟裁減本州幷諸縣合輪內錢而嚴科鹽之禁庶幾汀民有瘳矣復下轉運趙彥操

等措置裁減以歲運二百萬四千斤會之總減三萬九千三十八緡有奇又免其分隸諸司則汀州六邑歲減於民者三萬九千緡有奇減於官者一萬緡有奇宋史食貨志下五鹽下

前七二五年淳熙十四年丁未 五月辛未大水漂民居百餘家軍壘六十餘區宋史五行志一上舊志祥異

五月己酉遣官措置汀州經界七月丁未以旱罷經界振之宋史孝宗紀

前七二三年淳熙十六年己酉 五月丙辰大水浸民廬千五百餘家溺死三千人宋史五行志一上舊志祥異

前七二一年光宗紹熙二年辛亥 三月丙寅福建提點刑獄陳公亮知漳州朱熹同措置漳泉汀三州經界十月丙子朔詔罷經界是歲大水宋史光宗紀

前七一一年寧宗嘉泰元年辛酉 正月申嚴福建科鹽之禁宋史寧宗紀

前七一〇年嘉泰二年壬戌 水宋史寧宗紀

嘉泰間趙彥橚以不附韓侂胄出知汀州奸民葉姓者嘯聚汀贛間彥橚至遣將除之舊志武功

前七〇七年開禧元年乙丑 福建諸州旱宋史寧宗紀

前七〇二年（嘉定三年庚午）鄒非熊以嘉定元年知汀州三年被旨特留節制軍馬隄防鄰寇値江西峒寇李元礪竊發非熊修羅坑隘守備又修城濬濠申朝廷自左翼軍外再乞添撥五百人屯戍分處五僧寺寇不敢犯（舊志武功將志臨汀叢考俱誤作鄧非熊茲採府志職官名宦山川正之）

趙希錧嘉定二年調汀州司戶峒寇李元礪方起希錧白於郡曰城守非計距城三十里有關曰古城若悉精銳以扼其衝賊不足慮也守即以付之至則審形勢明間諜申令謹堠分畫粗定賊已遣諜窺闞希錧嚴集預待陽以羸師誤之夜半賊數百銜枚突至官兵據險設伏矢石交下無一得免餘黨驚遁引還城中老稚羅拜相屬（舊志武功宋史本傳）

前七〇一年（嘉定四年辛未）四月甲申禁福建諸州科折鹽酒（宋史甯宗紀）

前六九九年（嘉定六年癸酉）先是汀之長甯清運福鹽連上武運漳鹽多至十綱少則二四綱每綱十船船六十籮官給綱本本縣至福州買鹽運至本州編排人戶分四等給鹽每斤定價九文是歲知州事趙崇模奏請改運潮鹽每年就潮州潭口場買三綱每綱計一千七百斤縣

自潭口納稅至上杭縣官檢覈方至州交納綱十船共四百籮籮二十貫取籮頭四百八十一貫九百三十四文錢會各半以贍學（舊志榷政鹽法）

前六八二年（理宗紹定三年庚寅）二月戊戌詔汀贛吉建昌蠻獠竊發經擾郡縣復賦役一年（宋史理宗紀）

紹定二年冬盜起閩中帥王居安屬陳韡提舉四隅保甲韡有親喪辭之轉運使陳汶提舉常平史彌忠告急於朝謂非韡莫可平明年以寶華閣學士起知南劍州提舉汀州邵武軍兵甲公事福建路兵馬鈐轄同措置招捕盜賊韡籍土民丁壯爲一軍時賊勢益熾有議招者韡言始者賊僅百計招而不捕養之至千又養之至萬今復養之將至於無算求淮西兵五千人可圖萬全詔韡兼福建路招捕使賊急攻汀州淮西帥曾式中調精兵三千五百人由泉漳間道入擊賊於順昌勝之六月兵大合七月韡親提兵至沙縣順昌將樂清流甯化所至克捷九月分兵進攻五賊營十月平之十一月破潭飛磜夷其巢穴十二月誅汀州叛卒諭平連城七十二砦汀境皆平（宋史陳韡傳）（志武功）李世熊曰韡守延平兼招捕使時寇陷汀邵延諸鄉邑韡妻林

氏遺韡書請從官示死守許之於是邦人感激相告曰太守攜家我輩何畏有從韡行間而妻子無依者林氏延養之州宅人人爲盡死以是有成功夫公則林氏守於城私則晏氏守於野俾賊一無所掠卽趙充國所云貧破其衆也豈婦人哉謂之良將可矣（舊志武功）

前六八一年（紹定四年辛卯）二月陳韡躬往邵武督捕餘寇賊首晏彪迎降韡以其力屈乃降誅之（宋史陳韡傳）

前六八〇年（紹定五年壬辰）縣食福鹽知州事李華以杭潮接壤私販旁午艱於發賣請如嘉定間知州趙崇模議更運潮鹽（舊志榷政）汀人之食潮鹽自是時始（舊志武功）

前六六一年（淳祐十一年辛亥）八月甲辰山水暴至漂人家（舊志祥異）

前六三六年（端宗景炎元年丙子）七月文天祥以同都出江西遂行收兵入汀州十月遣參謀趙時賞諮議趙孟濚將一軍取甯都參贊吳浚將一軍取雩都劉洙蕭明哲陳子敬皆自江西起兵來會（宋史文天祥傳）

前六三五年（景炎二年丁丑元至元十四年）正月元兵破汀關（宋史本紀）天祥遂移漳州乞入衛時賞孟濚亦提兵歸浚不至（宋史文天祥傳）浚棄瑞金遁尋還汀州（宋史本紀）與

知州事黃去疾以城降府志建置按府志兵戎云初元兵至天祥欲據城拒敵汀守黃去疾聞駕航海有異志正月天祥移屯漳州去疾與浚以城降於元浚至漳說天祥天祥縛浚縊殺之宋史文天祥傳二月壬午元選汀州軍馬守禦瑞金縣三月癸丑中書省承制以汀州等郡降官各治其郡元史世祖本紀元將伯顏入臨安執恭帝北行陳宜中張世傑劉師勇等挾益廣二王出嘉會門渡浙江遁去夏四月入閩開府福州起兵興復先是元黃萬石入福建後萬石於德祐元年爲江南西路制置使兼湖北制置副使降元招諸郡降汀建方謀送款聞二王至即閉城却使者五月乙未朔益王即位於福州改是年爲景炎元年文天祥自鎮江亡歸以爲右丞相兼樞密院事同都督諸路軍馬七月丁酉天祥開府南劍州經略江西十月壬戌朔師次汀州元阿剌罕兵入汀州天祥欲據城拒敵汀守黃去疾聞車駕航海有異志天祥乃移軍漳州時趙孟瀠[illegible]還惟吳浚浚名從水旁不至未幾復與黃去疾降元既而天祥復取汀州兵出興國連破城圍贛州時張世傑以元軍既退亦會師討蒲壽庚於泉州汀漳諸路劇盜陳吊眼及許夫人所統諸峒畲軍皆會兵勢稍振無何元江西宣慰李恒遣兵援贛州自將攻天祥於興國天祥與諸將兵皆敗而國遂以亡舊志武功

前六三四年（元世祖至元十五年戊寅） 升汀州為路（元史地理志五） 隸福建行中書省（府志）六月詔汰冗官江南設淮東湖南隆興福建四省以隆興併入福建七月移行中書省於贛州福建江西廣東皆隸焉（元史世祖紀）

前六三三年（至元十六年己卯） 五月辛亥詔諭漳泉汀邵武等處暨八十四畬官吏軍民若能舉衆來降官吏例加遷賞軍民安堵如故（元史世祖紀）

前六三二年（至元十七年庚辰） 四月丙申以隆興泉州福建置三省不便命廷臣集議以聞五月癸丑福建行省移泉州甲寅汀漳叛賊廖得勝等伏誅七月己酉徙泉州行省於隆興（元史世祖紀）

前六三一年（至元十八年辛巳） 分撥汀州四萬戶計鈔一千六百錠為魯國公主歲賜（元史食貨志三） 世祖女囊加眞公主下嫁斡羅陳以汀州路長汀寧化清流武平上杭連城為公主賜地六縣之達魯花赤聽其陪臣自為之（臨汀彙考）

前六三〇年（至元十九年壬午） 五月戊辰併江西福建行省（元史世祖紀） 先是十七年十二月壬辰漳州陳桂龍據漳州叛行省左丞唆都率兵討之桂龍亡入畬洞（元史世祖紀） 及其兄子陳吊眼有衆數萬刼掠汀漳間據高安

砦官軍討之久不下至是命完者都往討加福建征蠻都元帥與副元帥高興直抵其壁賊衆高瞰下矢石如雨興命人挾束薪蔽身進至山半棄薪退如是者六日誘其矢石盡乃燃薪焚其柵時盜蔓延五十餘寨扼寨自固興攻破其十五寨弔眼走保千壁嶺興上至山半誘與語接其手擊下擒斬之桂龍率衆降詔流之邊地（閩志武功）

前六二八年（至元二十一年甲申）長汀涂某以鹽徒至神泉村（按今大埔縣治爲神泉村新設縣平）於茶山下築城聚衆號曰涂寨自稱侍郎據上杭金豐（按今豐分屬永定）三饒程鄉之地私徵賦稅傳弟涂僑盤踞二十餘年至元二十一年甲申廣東安撫使月的迷失討平之（潮州府志）

前六二四年（至元二十五年戊子）三月甲寅江贛畲賊千餘人亂討平之四月乙丑廣東賊董賢舉等七人皆稱大老聚衆反剽掠吉贛瑞撫龍興南安韶雄汀諸郡連歲擊之不能平江西行樞密院請益兵江西行省亦以地廣兵寡爲言詔江淮省分萬戶一軍詣江西俟賊平還翼九月丙戌置汀梅二州驛（元史世祖紀　按董賢舉等剽掠汀境舊志不載觀下年蠲田租則郡必受其殘賊也）

前六二三年（至元二十六年己丑）蠲田租（元史世祖紀）

前六二一年（至元二十八年辛卯）二月癸酉改福建行省爲宣慰司隸江西行省（元史世祖紀）

前六二〇年（至元二十九年壬辰）復置福建行中書省（通志三山志）

前六一五年（成宗大德元年丁酉）二月己未改福建省爲福建平海等處行中書省徙治泉州（元史成宗紀按平海即泉州）

前六一三年（大德三年己亥）二月丁巳罷福建等處行中書省立福建宣慰司都元帥府（元史成宗紀）

前五九八年（仁宗延祐元年甲寅）張閭等往江浙江西河南經理民田特們德爾復下令括民田增稅而鼐智密迪音在江西酷虐尤甚居民怨毒贛州民蔡五九等遂率寇抄汀漳諸路陷甯化縣據之稱王建號詔遣張閭討之擒五九餘黨悉平（舊志）

前五七三年（順帝後至元五年己卯）六月庚戌山蛟起大雨驟至平地水深三丈餘漂民廬八百餘家民田二百餘頃溺死八千餘人（元史五行志二舊志祥異）戶賑鈔半錠死者一錠（元史順帝紀）

前五六八年（至正四年甲申）夏秋大疫（舊志祥異）

前五六六年（至正六年丙戌）六月己酉汀州連城縣民羅天麟陳積萬叛陷長汀縣福建元帥府經歷眞寶萬戶廉和尙等討之八月丙午命江浙行省右丞忽都不花江西行省右丞禿魯統軍合討九月乙酉克復長汀閏十月癸未汀州賊徒羅德用殺首賊羅天麟陳積萬以首級送官餘黨悉平（元史順帝紀）天麟連城軍士以罪拒捕遂與陳積萬陷縣乘勝刼掠六縣皆爲殘破（舊志武功）

前五六四年（至正八年戊子）十二月以福建盜起詔汀漳二州立分元帥府以討捕之（元史百官志八）

前五六〇年（至正十二年壬辰）盜起海上勢且及汀元汀州判蔡公安募吏士乘城福清人陳友定以明溪驛卒談軍事公安奇之授黃土寨巡檢從討延平邵武諸山賊平之遷清流縣尹尋爲清流令（舊志武功）

前五五八年（至正十四年甲午）大饑人相食同時福泉邵武皆然（舊志祥異）

前五五六年（至正十六年丙申）正月壬午改福建宣慰司都元帥府爲福建行中書省（元史順帝紀）

前五五四年（至正十八年戊戌）十一月癸卯陳友諒陷汀州路（元史順帝紀）

前五五三年（至元十九年己亥）清流黃土砦巡檢陳友定以討平諸山寨賊遷清流縣尹陳友諒遣其將鄧克明等陷汀邵路杉關行省授友定汀州路總管禦之戰於黃土大捷走克明（明史陳友定傳 按明史不載年月茲參舊志及夏燮明鑑）

前五五〇年（至正二十二年壬寅）五月參知政事陳友定復汀州路（元史順帝本紀）鄧克明復取汀州急攻建甯守將完者帖木兒檄友定入援連破賊悉復所失郡縣行省上其功第一進參知政事（明史陳友定傳）遂開省於汀州遷左丞友定兵勢日盛郡縣倉廩悉入其家元行省平章燕只不花擁虛位而已（舊志武功）

前五四六年（至正二十六年丙午）八月元以陳友定既敗胡深命爲福建行省平章政事兼守八閩友定有勝兵萬人益發取諸郡縣遠近瓦解無敢角而長汀人羅良者故亦以散貲募士爲元擒殺漳山寇提兵解福州圍爲閩將第一良欲從海道漕元元爵良晉國公貽友定書責之友定大怒發兵攻漳（舊志武功）

前五四四年（元順帝至正二十八年明太祖洪武元年戊申）湯和平福建二月甲子汀州總管陳國珍以城降（元史順帝紀）

前四六三年（英宗正統十四年己巳）沙尤寇鄧茂七分黨陳景正圍汀州推官王得仁嬰城固守城中乏食得仁牒守開倉發粟七千石人得食守益堅乘賊不意大破之執景正械送京師時指揮馬雄出城力戰賊走伏兵道中邀遮獲牲口五十以歸馬部下俘男女四百人得仁力辨釋之餘寇復攻甯化之柳楊得仁率民兵萬人赴援又敗賊於歸化蓋洋追至大陂斬首百餘級降者二千人選壯者七百分隸諸軍用爲鄉導擣擊賊賊走將樂之常坪陰遣降卒誘執茂七親黨三十六人刻日將大舉擣賊巢疾作卒於軍（參李世熊寧化志邵府志安福記府志名宦傳）初福建多礦盜命御史柳華捕之華令村衆皆置望樓編民爲甲擇其豪爲長得自置兵仗沙縣佃人鄧茂七素無賴既爲甲長益以氣役屬鄉民其俗佃人輸租外例餽田主茂七倡令毋餽而田主自往受粟田主訴於縣縣逮茂七不赴下巡檢追攝茂七殺官兵數人上官聞遣兵三百捕之被殺傷幾盡巡檢及知縣並遇害茂七遂大剽掠僞稱剷平王設官屬黨數萬人陷二十餘縣御史丁瑄先使人齎敕往撫茂七不肯降瑄馳沙縣圍之誘賊攻延平瑄督兵分道衝擊賊大敗走指揮劉

福追之斬茂七（明史丁瑄傳　修志武功）

前四四九年（英宗天順七年癸未）伍驥巡按福建先是上杭賊起驥聞立馳入汀州調援兵四集單騎詣賊壘賊不意御史猝至皆擐甲露刃驥從容立馬諭以禍福賊見其至誠感悟泣下歸附者千七百餘戶給以牛種俾復故業惟賊首李宗政負固不服遂與都指揮丁泉深入破之泉力戰爲賊所害驥弔死恤傷激以忠義復與戰連破十八砦俘斬八百餘人四境悉平（明史伍驥傳）乃奏設上杭守禦千戶所扶疾回京卒（府志上杭志）

前四四二年（憲宗成化六年庚寅）先是洪武二十八年福建分設福甯建甯二道福與泉漳道隸福甯自東北以次而南建延邵汀道隸建甯自西北以次而南漳汀極南最遠福甯道巡止漳州建甯道巡止汀州順天府治中龍巖邱昂奏設一道爲漳南道（上杭縣志藝文載李綺新設漳南道紀）

前四三四年（成化十四年戊戌）右僉都御史高明已平上杭溪南賊黎仲端等（上杭志）以其地險民悍去縣絕遠草寇屢發遂奏析上杭之勝運溪南金豐太平豐田等地置永定縣（府志建置）

前四二七年（成化二十一年乙巳）夏霪雨山水驟溢長甯清歸連上永七縣田廬蕩

析人畜溺死無算（舊志辭異 按明志作成化二年原註按省志縣志俱作二十一年復按作二十一年是者成化二年永定尚未立縣例云長甯所歸還上永七鄰平縣舊志脫去一字作二十年亦非）

前四二五年（成化二十三年丁未） 七月戊午夜疾風迅雷預備倉火繼發燔米七百餘石（府志辭異）

上杭勝運賊劉昂來蘇賊溫留生武平賊箬朵丘隆等數千人攻掠江西石城廣昌信豐廣東揭陽等縣殺官刼庫三省奏聞（上杭志寇變） 初漳南道專理汀漳惟設分巡未有兵備名至是議請設兵備一員駐紮上杭兼理分巡事詔以按察司僉事伍希閔專駐上杭（上杭志藝文范轄漳南道題名記）分巡漳南道駐上杭自希閔始希閔擒三酋餘黨以次悉平（上杭志名宦）

前四二三年（孝宗弘治二年己酉） 夏大旱知府吳文度禱雨應期歲不爲災（舊志辭異）

前四一七年（孝宗弘治八年乙卯） 上杭來蘇賊劉廷用張毓陳宗壽等聚衆攻掠江西瑞金會昌甯都轉掠廣東程鄉等縣就任陞廣東左布政司金澤都察院右副都御史巡撫江西兼督閩廣湖湘之地統轄江西之南安贛州福建之汀漳廣東之潮惠南雄湖廣之郴州爲府八爲州一爲縣六十四爲衛七爲所二十八四省三司皆聽節制賜之璽書許以便宜行事俾專鎭於江西之贛州比照梧州中制事例以撫捕之

長汀城區印刷合作社印

八月澤滋任悉平羣盜奏每縣添設巡捕主簿一員職專捕盜（上杭志寇變參天下郡國利病書）

前四〇三年（武宗正德四年己巳） 起周南督南贛軍務南贛巡撫之設自南始時汀州大帽山賊張時旺黃鏞劉隆李四仔等聚衆稱王攻剽城邑延及江西廣東之境數年不靖官軍討之輒敗推官莫仲昭知縣蔣璣指揮楊澤等被執賊勢益熾南集諸道兵擊之龍牙擒時旺義民林富別擊斬鏞於鐵坑其他諸砦爲指揮孫堂等所破而副使楊璋僉事凌相等亦擊隆四仔擒之先後斬獲五千人仲昭等得逸還提聞賜敕奬勞南乃移師會總督陳金共平桃源諸賊境內遂甯（舊志武功采明史周南傳 按莫仲昭爲汀州推官蔣璣爲連城知縣楊澤爲汀州衛指揮同知俱見府志職官又名宦傳蔣璣事敘剿大帽山賊猝遇寇於黃沙寨不屈而死贈汀州同知是周南傳所云仲昭等得逸還者璣固不在其內也又縣舊志此下引閩書云汀州大帽山賊七千餘人攻武平時福建副使姚鏌以梟寨承檄往討賊聞風遁去江西永定民有顏師智部五百人與賊所擄多戰死賊又陰殺其家有司不能卹由是師智擁兵自保姚曰壯士也撫而用之師智請效死諸軍倚爲重按此係閩書傳聞之誤縣舊志沿陷汀舛之從而未之考也顏師智即顏思智上杭人杭志人物傳敘顏思智爲承三司調遣統兵搗巢所至先登斬首二百四十九級乘勝追兵伏發被賊支解事狀奉贈武略將軍世襲百戶）

前三九五年（正德十二年丁丑） 二月虔撫王守仁奉命征漳寇進兵長汀道中有感作詩一章（王文成公全書卷二十外集二詩云將略平生非所長也提戎馬入汀漳數峯斜日旌旗遠一道春風鼓角揚莫倚貳師能出塞極知充國善平羌瘡痍到處曾無補慚愧湖邊舊草堂按此詩杭志藝文題云駐上杭行臺時征漳寇卽從全書） 遂進駐上杭會福建廣東兵先討大帽山賊守仁親率銳卒

佯退師出不意搗之連破四十餘寨擒賊首詹師富明史王守仁傳復寨讀史方輿紀要興甯縣大望山在縣北九十里亦名大帽山南界程鄉北界安遠層巒疊嶂茂林叢棘舊爲賊巢弘治十六年猺起於此官軍討平之正德七年賊復熾督臣周南破之豬其山實則此山界江閩廣三省之交爲三省毗連之通稱明史周南傳稱汀州大帽山其首李四仔等程鄉人也王守仁傳稱福建大帽山其首詹師富等漳州人也陳金傳稱贛州大帽山其首則何積欽也天下郡國利病書又稱惠州大帽山則在今之興甯舊隸惠州也李四仔之亂周南督江閩廣三省官兵分路進討廣東兵從程鄉入攻破巢九其一即大帽山是與上杭志順治初張恩選踞來蘇之大帽山皆以狹義言若以廣義言凡三省毗連之縣皆可通稱非必確指興甯也

前三八八年世宗嘉靖三年甲申 甘露降郡堂及城隍廟松樹其賦如脂味如蜜時郡守邵有道也舊志祥異

前三八七年嘉靖四年乙酉 淫雨山水暴漲館前驛沿河田地漂壞八百餘畝房屋無算同上

長汀城區印刷合作社印

前三八五年 嘉靖六年丁亥 三月甘露降府署及郡學司獄桃樹 同上

前三八二年 嘉靖九年庚寅 九月二日殞霜殺禾稼 同上

前三七七年 嘉靖十四年甲午 四月地震歸陽青巖山崩壞民田數百畝壓死居民數十戶 同上

前三七三年 嘉靖十八年己亥 五月十三夜星隕如雨 同上

前三六五年 嘉靖二十六年丁未 二月大雨雹傷牛馬 同上

前三六二年 嘉靖二十九年庚戌 正月地震六月大風雨拔木數百株 同上

前三五九年 嘉靖三十二年癸丑 黃竹實如米民取食之 同上

前三五五年 嘉靖三十六年丁巳 四月二十三日洪水驟至魚鼈游市中漂沒田宅人畜無數斗米半兩 同上

前三五四年 嘉靖三十七年戊午 徐中行出知汀州公至而廣寇蕭五擁萬衆猝來寇郭外男女爭避入城城者鬨之有相踏藉死者公亟戒勿鬨前引絙別途俾男循左女循右入第令遠斥堠而已諸縣令各受公教飭兵登陴賊不能破行圍指揮董玳梟繫男女數百公以一旅解之盡解其俘歸公策賊且走走必由高吳道俾武平令徐甫宰伏兵徼破

之擒其酋尋推功徐令不自居公又策山海寇無已時而三圖當要衝議城之以一通判治得報可自是寇益解散（舊志武功引王世貞撰郡守徐中行墓碑　按所築城卽撫民館據上杭志在溪南三圖中心坪中行請於巡道王時槐命長汀典史王相督築之以本府捕盜通判一員領機兵百名防守事在嘉靖三十七年）

前三五二年（嘉靖三十九年庚申）　黄竹花謠云黄竹若開花人頭滾泥沙次年盜起焚刦鄉村殺人盈野（舊志祥異）

前三五一年（嘉靖四十年辛酉）　廣[illegible]張璉入寇知府楊世芳禦之壁溪外門其橋盡納左廂民於内民恃無恐（舊志城池）　張璉饒平烏石人性狡黠初爲庫吏殺人亡命投簪賊鄭八爲亂先刻石璽曰飛龍傳國之寶投諸池詭泅水得之以出衆視大驚曰此帝王符也歃血推爲長與程鄉賊林朝曦大埔賊蕭晚羅袍小靖賊張公佑賴賜白兔李東津等各踞巢穴勢成犄角僭帝號改元置官所居有黄屋朱城二重聚衆十萬縱掠汀漳延建連城及寧都瑞金攻陷雲霄鎮海衛南靖諸城三省騷動福撫游震得檄指揮王豪統三衛軍與福州通判彭登瀛領鄉兵進討敗績官兵不能剿卽調狼達兵征之皆不利嘉靖四十年辛酉廣撫張臬平江伯陳圭領三省官兵七萬六千人剿之以都督劉

長汀城區印刷合作社印

顯總兵王寵參將俞大猷鍾坤秀爲統領乘璉出寇搗其巢以火攻之風順火熾焚賊寨殆盡先擒蕭晚羅袍斬之懸賞購璉明年六月其黨郭玉（潮志作郭玉鼓）縛之以降磔於市（參毛西河後鑒錄潮州志）

十月初築縣城縣舊無城弘治元年戊申知府吳文度以府城內大半皆山縣治居民環列城外謀擴城而圍之具申道院各允所議計量甎石財力俱有成法將奏築以秩滿去至是廣寇蹂躪後世芳始如前議築之（舊志城池）

前三五〇年（嘉靖四十一年壬戌）二月城成（吉水羅洪先記曰天下郡皆必附縣而後會天下郡城以有縣爲始大權長汀附郛於城外故皆附舊城縣大縣不得與焉郡汀不得加城故環縣爲右廂酒左廂至溪外跨溪而橋時平寇散民玩其彌作時趨右廂溪城門不能容寇賊之處爲伊姚江石帆楊守汀二年有發難之始張將來職盧公驟築之號溪外門其橋內左廂兵隳（發有殷路）民特無恐者於是知其於城其閒不敢以城必公也會北川陸公持節命將遊近兵莊郡公安國晝食夜寢疑其嘉靖壬戌九月上璽其多吉水王公選令長汀國公慶城議曰環長汀爲城六百一十九丈九尺其上雉堞二千一百八十有奇甎墻之丁萬撥犒之丁千土石之工二百自辛酉十月訖癸二月爲日一百五十城儀民闘民不知戚戶祝之仁愛祠中公懸賞撥民隸書吏泰閭收繇始議之財無餘莫優公乃縮食儉用省常禄餘夫皆以尺薪粒米爲汀民夫城長汀令職也而各代之不與庇令長皆謂何必曰公治郡領治家家之長者欲役有不養垣弗缺也垣而積所有弗爲也公未嘗以尺薪粒米病汀民是視尺薪粒米皆汀財也以尺薪粒米爲汀財也則是尺薪粒米皆可爲城是公所以城也遂奉于最久常借邀其邀不自爲功由遜之功必有當其心者爲之記曰公能以家視汀乎履不濟矣夫城汀之垣也城不足則垣不周無東西廂則長汀不可繇長汀不縣則治不得保長汀保郡也公不以尺薪粒米病汀民況一燕飲器物乎夫尺薪粒米足以成城則燕飲器物加於尺薪粒米又可知矣尺薪粒米之微而關於郡之安危則物不止於尺薪粒米而不能以微物視之亦審矣夫尺薪粒米作物甚微在郡所關如甚此然世之知而信其又何少也尺薪粒米未足爲賤夫人而知之也上知而燕飲器物之間不知可省殺上爲賤也今爲郡者果能不以尺薪粒米之微病乎民抑亦有加於燕飲器物而不以自病矣乎由公觀之凡不城者非民病也有病之者矣儻常以長汀事記諸於公公宋之遷也乃今明其城始於尺薪粒米之積乃復毀而爲之記後之來城者當思之公名世芳字懋德起丁未進士而歲是役者寧德劉登宗實董有勞云　按此文載舊志城池中爲時事多相關切今錄之大事志中又楊公守汀政績宜著府志不爲名宦何耶）

自

張璉入寇盜賊蠭起虔撫陸隱持督命率遠近兵駐郡會剿九月上璉捷 見上羅洪先記

前三四九年 嘉靖四十二年癸亥 黑眚爲災如火星隕地犯之輒昏仆家擊金鼓若防巨寇夜不貼席同時福泉延三府亦然 縣舊志祥異

前三四八年 嘉靖四十三年甲子 俞大猷改廣東潮州總兵官倭二萬與大盜吳平相犄角而諸峒藍松三伍端溫七葉丹樓輩日掠惠潮間閩則程紹祿亂延平梁道輝擾汀州大猷單騎入紹祿營督使歸峒因令驅道輝歸 明史俞大猷傳　按程紹祿當即陳紹祿府志四十年六月入寇又作梁紹祿據嘉應州志徐甫宰巳誅林朝曦紹祿遁徐溪爲其族人所殺梁道輝即史譚綸傳作梁寧爲甫宰所擒道輝擾汀舊志于詳未必確在是年統稱汀州亦未必專在郡治確當日汀屬受其蹂躪可知茲特據明史補志之

前三四五年 穆宗隆慶元年丁卯 至前三四〇年 隆慶六年壬申 禾麻被野石米三錢人咸樂生 舊志祥異

前三三八年 神宗萬曆二年甲戌 三月霹靂巖前地陷十二丈深二尺民居盡圮 同上

前三三六年 萬曆四年丙子 六月戊子地震 明史五行志三　按縣舊志及府志均不載明史云福汀漳等府及廣東之海陽縣俱地震茲據補

前三三五年 萬曆五年丁丑 彗見西南光芒竟天越三月沒 舊志祥異

前三三三年 萬曆七年己卯 量田 縣舊志云丈量官民田畝杭志云閩省通行丈量 是年大旱 縣志祥異　按府志有云知府徐一忠禱雨應期不爲災府志無此

譜且檢府志名宦徐亦無傳茲從府志志辨異

前三二六年（萬曆十四年丙戌）大水平地深二三丈舟行於市壞田廬甚多（同時甯上永三縣皆然）

前三二四年（萬曆十六年戊子）府譙樓頒條樓旌善申明亭災（同上）

前三二一年（萬曆十九年辛卯）十月日重暈小大如連環數百（同上）

前三一六年（萬曆二十四年丙申）四月桐木鄉欉樹開桃花（同上）

前三一二年（萬曆二十八年庚子）八月二十三日戌時地震（同上）

前三〇九年（萬曆三十一年癸卯）冬冰衛軍鼓噪扎較場七日知縣唐偉散糧而解（同上）

前三〇七年（萬曆三十三年乙巳）十一月地震有聲（同上）

是歲考績縣知事丘民貴以未完連派浮糧四年不及格被駁先是壬寅歲連城有浮糧五百六十餘兩分派汀屬七邑每石正糧外爲連帶派八厘民貴申詳再三謂決不可代外邑無名之征使他日謂邑之浮糧累民自丘某始民貴既被駁歸與父老子弟謀於是本縣致仕思恩知府趙鉞等起而控訴各縣應之事遂得寢而民貴卒以

此拂當事意解官其後二年七邑士民建祠羅漢嶺及鉞故並祠祀焉參舊志祠廟名宦黎士弘丘趙二公報德祠記

前三〇六年萬曆三十四年丙午 秋大旱舊志祥異

前三〇五年萬曆三十五年丁未 春霪雨秋七月雨雹壞牛馬同上

前三〇四年萬曆三十六年戊申 八月大旱府志祥異 按縣舊志有云舊府闕知區日振禱雨應期歲不爲災與上前三三三年徐一忠事同兹從府志

前三〇一年萬曆三十九年辛亥 虎入饗宮五月二十九日虎從雲驤閣下入城自饗宮至縣學伏神座下頃出戟門就擒先是嘉靖丙寅三月虎入本府名宦祠本年丁卯科張顯翔果得解

前二九九年萬曆四十一年癸丑 冬府署產靈芝九本時郡守沈應奎 同上府志祥異

前二九七年萬曆四十三年乙卯 郡守沈應奎倡議撤郡城增縣城合郡縣爲一以紳士爭持未決舊志城池

前二八四年思宗崇禎元年戊辰 武平之米坑箬菜賊首蘇阿婆竹篙溜花腰蜂等聚衆千人廣東平遠之謝志良糾黨應之三月攻掠武平屬地徐守備按徐名必登劉指揮按劉名煤戰死千百戶死者數員郡邑大震李世熊甯化縣志與徐同戰死者鎮撫陳應龍哨官徐治陶志學段元望丁顯閩汀州府志時巡撫朱欽相調指揮劉震百戶李中秀領兵三百會武平守備郭應元

兩路會勦震中秀至巖前賊潛遣人詭爲武平官軍稱應元統兵相候震中秀信之遂前進賊分左右翼圍之官軍驚竄震中秀皆死上杭縣志 按汀志稱守備涂必登杭志稱守備郭應元當時守備千戶有正副也 五月巡道曾櫻偕上杭知縣吳南灝督領守備張問行浙兵千八百戶韓應琦曹經許勝等兵千餘人至上墩象洞等處諭散脅從二千餘人及戰敗之於銅盤嶺斬級九十餘生擒三十餘直抵員子山石骨砦梅子畬等巢悉焚之六月賊寇會昌都司甘燿率百戶曹經等統兵分截經遇賊於東流坑接戰水衝急經跌石溜中被賊搤殺把總朱球哨官羅應時馬萬宗及官軍死者數十人七月賊攻安遠會昌遁歸聲言將取道藍屋驛攻上杭南灝測其詭計率三圖兵至中堡聞賊闖武平乃從小道當風嶺直抵城下已逾二更賊宵遁十月巡道曾櫻檄南灝督三圖兵至象洞中軍守備李鐸領營兵先到爲賊所殺哨官周以弼洪萬餘日者馬逸山皆遇害上杭縣志 十一月賊抵上杭城曾櫻招三圖兵乘懈擊之殺賊五百餘人花腰蜂竹篙溜皆就擒餘賊復歸洞甯化志 十二月曾櫻會潮州兵道謝璉洗賊巢吳南灝勒兵駐南巖寺武平知縣巢之梁率象洞兵

千餘亦至遂擒賊首焚賊巢（上杭志）　蘇阿婆有衆五百人平遠金知縣佯撫之計戮無子遺謝志良就撫惠潮道官以把總已庚午間寇稍息（寧化志　按舊志府志均云曾櫻洗賊巢凡巖前象洞及米坑磐泰鑄鄉無少長悉戮之按竹窠溜口俱僻處無一非賊故曾公紗之按南源勒平時南饑寺亭時尚未築堡即巖前也武令桌之梁且率象洞兵千餘人會剿所謂巖前象洞無少長悉戮之者皆傳聞之訛非事實也姑不取）

前二八一年（崇禎四年辛未）　正月迎春日降瑞雪（舊志祥異）

平遠賊鍾凌秀與弟復秀聚千衆於連子山銅鼓嶂二月掠永平寨殺官軍二百有奇守備千百戶把總皆死旋扎黃蜂隘知府林聯綬調兵禦之指揮嚴明被執千戶劉堯百戶張機不屈死二十六日賊突入瑞金縣扎南門岡爲鄉導江振熙（江上杭人署瑞金見杭志雜志）　僧守貞所敗盡棄輜重徒手趨還楊家巷林守徵前敗不發兵堵截賊復收殘孽整隊而掠高竇官兵禦之指揮王應宮張大倫把總王國佐賴思養賴君選（原刻誤潘據杭志正）　曹緯咸敗死次日巡道顧元鏡復遣指揮章某百戶張耀接援章聞敗先竄張戰死九月督撫熊文燦提兵入汀會剿時賊合杭武徑出廣東襲始興縣破之羽書告急奉旨諭熊會贛廣兩院會剿熊乃率鄭芝龍親兵駐上杭十月參將鄭芝龍師駐三河壩督官

兵擣賊巢遇賊於丙村斬馘三百餘人次日賊迎戰又斬賊三百餘級陳二總乞降不許斬之焚其巢而還（舊志武功）

巡按羅元賓因萬曆間知府沈應奎議合府縣城爲一以紳士爭持未決至是抗疏奏之知府笪繼良遵旨興工（舊志城池）

前二八〇年（崇禎五年壬申）　鄭芝龍追賊至石窟都鍾凌秀以賊二百受撫（舊志武功）　海寇鍾靈秀（即凌秀史作靈）既降復叛爲鄭芝龍所擒其黨潰入長汀轉江西屬邑文燦檄芝龍屢敗賊（明史熊文燦傳）　二月凌秀弟復秀叛招餘黨三百餘焚掠藍屋驛復由綠水潭至迴龍岡焚刼甚酷顧巡道遣百戶賴其勳等禦之戰死（初靈秀以復秀之故歸芝龍遊海上復秀疑懼難安插故處於黃常道以此報匝湖遂與凌秀所其有得獄殺兵開復秀待秀出開而出諱院亦以受降爲了局八月旅兵營閩九月顧巡道同總兵陳廷對各授劉綱鼓嶂逃于山松源嶺坊等處乃罷兵　舊志武功）

四月巡道顧元鏡自上杭率督千總劉良機林官鄭之英陳望正把總黃基昌蔡聯芳等往雩都興國會鄭芝龍兵大剿（舊志）

八月虔撫陸問禮移鎮汀州（上杭志）　巡道顧元鏡同總兵陳廷對同知黃色中屯程鄉搗賊巢（汀州府志）　因廣寇剽掠四出元鏡允色中議以巖前地當要害築城控禦之是冬興工明年冬城成（上杭志兵防　按巖前係武平轄境而工程乃撥杭武各半費以成）

閩 民庚午寇親載城黃殺略出複實由此地故也

是年二月木冰（縣舊志補錄郡守翟鄉良木冰行云云）九月汀兵自雩都回帶有鐵粟碗許云

是天雨者狀如小麥三角外有衣苞色黑味甘煑而食之能飽一日（舊志祥異）

前二一七八年（崇禎七年甲戌）城內外荒雞鳴（同上 按月日失考）

前二一七七年（崇禎八年乙亥）十二月地震有聲（同上）

前二一七六年（崇禎九年丙子）正月大雨雹擊殺牛馬四月大饑（同上）江贛閩遏糴合郡米價騰貴每斗銀一錢八分（參採志補抄）鄉民蜂集嗷嗷待哺知府唐世涵與司理唐錫藩發穀五千石以振復諭八邑各發賑糶（舊志）世涵具檄請於撫院弛其禁瑞金會昌之粟始通旋平價爲每斗一錢（參採志）秋乃大稔（舊志祥異）

上年知府唐世涵偕同官鐵增築城是春按院報可八月興工十月報竣（舊志城池）

前二一七五年（崇禎十年丁丑）三月不雨郡守唐世涵禱雨應候民乃得蒔四月不雨應禱如初歲不爲災（舊志祥異 按是條近於諛 汀府志不載姑依舊志存之）

長汀城區印刷合作社印

前二七二年（崇禎十三年庚辰）七月十五日地震（府志祥異）

前二七一年（崇禎十四年辛巳）四月兩日摩盪如是者三日（上同）

前二六八年（崇禎十七年甲申）三月李自成陷京師帝崩五月清兵入京師福王監國於南京（明史）五月二十二日哀詔到閩省六月十五日到汀（此據）（閩省之日府城稍整不建）與泉賊大熾督撫張肯堂提師捕之賊復南擾汀境專寇閩王總者出沒虔州部境漸逼汀州郡邑告急肯堂遣兵五百救援時賊已陷汀之古城鎮焚戮備慘十月十八日援兵至徑趨古城次觀音鋪不知地利墮伏中賊首尾擊之殲三百餘人賊死者亦二百餘始賊輕官兵及是知其敢戰遂退虔州境汀郡以是獲安堵（府志武功採寧志參用）（寧化志闕寇閩闕旬今據寧志增）十二月巡撫張肯堂抵汀州（上杭志寇變）

前二六七年（弘光元年乙酉）正月張肯堂師駐上杭閩寇間道至汀火攻麗春門弗克（寧志兵志武功）五月清兵入南京福王降閩六月唐王立於福州改元隆武（明史）

前二六六年（隆武二年丙戌清順治三年）八月十八日清兵入閩關二十二日帝自延平奔汀（據寧化志）二十七日抵汀州駐二日二十九日晦壬寅昧爽（此二日本諸志據本紀參之）

此自寧化紀事與本府志閩紀傳以下皆從舊志 清兵追及之以八十三騎自麗春門入守門百戶閔死之遂執帝於朱紫坊之趙家塘曾妃同受縶總兵周之藩戰死沈嬪陳嬪及內官死者十餘人 舊志武功 知府汪指南降巡道于華玉釋兵入紫金山旋遁去 甯化新志據李氏嗣補 按明史順治二年五月南都降聿鍵行至杭州遇鎮江總兵官鄭鴻逵戶部郎中蘇觀生遂奉入閩南安伯鄭芝龍巡撫御史張肯堂與禮部尚書黃道周等定議奉王監國閏六月丁未自立於福州號隆武改福州為天興府進芝龍鴻逵爵為侯封鄭芝豹鄭彩為伯以黃道周蘇觀生俱大學士肯堂為兵部尚書餘拜官有差聿鍵好學通典故然權在鄭氏不能有所為是年八月芝龍鴻逵議守兵二十餘萬計餉不支其年號預借明年一年令郡縣捐俸勸士紳輸助徵府縣銀穀未解者官吏贓罰盡追之然又廣開事例猶苦不足由是官吏數百人皆不堪用聿鍵屢促芝龍出兵輒以餉絀辭久之芝龍知衆論不平乃請以鴻逵出浙東彩出江西各擁兵數千號數萬旅行百里輒稱候餉皆行百里還關先是黃道周知芝龍無出師意自請行廣信所募皆烏合兵遂敗死是時李自成兵敗走死通山其兄子李錦等率衆降於湖廣總督何騰蛟一時增兵十餘萬侍郎楊廷麟祭酒劉同升起兵復吉安臨江於是廷麟等請聿鍵出江右何騰蛟請出湖南任知州金堡言騰蛟可恃芝龍不可恃聿鍵因銳意大舉授堡給事中遣觀生先行募兵先是靖江王亨嘉僭號不奉聿鍵命為巡撫瞿式耜等所擒以捷聞而魯王以海又稱監國於紹興拒聿鍵詔遂決意出江西湖廣十二月發福州駐建寧廣東布政湯來賀運餉十萬由海道至明年二月駐延平三月大清兵取吉安撫州圍楊廷麟於贛州聿鍵督鄭彩出關彩聞大兵至遽回六月大兵克紹興魯王以海遁入海閩中大震芝龍假寇海至撤兵回安平鎮守關將士皆隨之仙霞關空無一人七月何騰蛟遣使迎聿鍵將至韶州惟時我兵已抵關閩守將城御史[illegible]給事中[illegible]大鵬遁聿鍵[illegible]八月聿鍵出走汀州大兵奄至從官奔散與妃曾氏俱被執妃至九瀧投於水聿鍵死於福州給事中熊緯尚書曾櫻等自縊死

冬十一月殺明大學士傅冠 舊志

知府李友蘭至寧化覲詣中沙招黃通給通守備劄而還 舊志武功

前二六五年 順治四年丁亥 四月二十九日大水平地深二丈餘惠吉門等處舟從城上入市六月大饑 舊志祥異

四月甯文龍遣姪泰宇斬黃通於下埠並執通弟允會 舊志武功

六月知府李友蘭總鎮于永綬提兵至寧招撫長關亘惡千總陳充等及謀主黃居正而僞千總馬文吳堅俊及黃允會兄弟悉許就撫

八月永寧王妃畢氏據九龍砦糾衆數百人攻歸化敗妃奔洋源（永寧）（壬辰于九妃奉江西破妃寄汀州清兵入閩後避匿永安貢川間有僧將范繼宸知而歸之後誘舊繼宸等執山寺久之潛歸自稱其奉將之檄報進密迎致妃以號案衆兵奉歸禾兄弟萬舉殘聚衆數百人妃自督之）

前二二六四年（順治五年戊子） 正月彭妃復率范繼宸廖心明等數千人由石城出禾口中沙烏村而抵延祥駐焉二月由延祥移營復出歸化雷澗參將王夢煜邀擊之執彭妃廖心明負妃子走石城後不知所終彭妃旋奉旨絞於汀州靈龜廟（妃死時讀敕郡邑官阿視儀無差無懼色云）

是春流寇蠭起城中石米銀十六兩豆銀十兩饑莩載路値金聲桓據江西奉永曆正朔流寇乘之聚衆十數萬逼郡城西路援絕總兵于永綬率副將高守貴堅守大小數百戰城賴以全七月寇退米價稍平（舊志詳兵參府志名宦傳及兵戎）

前二二六三年（順治六年己丑） 三月大疫（舊志詳異） 六月饑（府志）

前二二五六年（順治十三年丙申） 正月大雪秋大有年（舊志詳異）

前二二五五年（順治十四年丁酉） 五月大水（同上）

前二五三年 順治十六年己亥 五月四日寧化知縣郭璜自經於汀城官邸先是四月御史李某按汀責邑令例餽千金璜撫膺嘆曰此非利刀快斧解剝萬命何能供此天道神明不可殘遂自經凶問至寧合城震沸巷哭者七日市爲之罷柩自汀歸送者數十里衣冠如雪哭聲震地 據寧志名宦志循吏傳 按此爲寗邑卒因死於汀城特志之以爲爲民請命者勸

前二四八年 康熙三年甲辰 七月彗星見 舊志祥異

前二四四年 康熙七年戊申 至前二四二年 九年庚戌 連歲大稔石米三錢九年七月大雨雹 同上

前二三八年 康熙十三年甲寅 三月耿精忠反於福州二十九日僞檄至郡汀州副將劉應麟據城以應 守志兵戎 精忠授應麟懷遠將軍駐杭游擊尹文龍爲副將 上杭志寇變

前二三七年 康熙十四年乙卯 劉應麟索民助餉 守志兵戎 九月二十九日清福建巡撫楊熙同尚之信等領兵入閩克鮮水關 青州雜錄楊熙奏 十月四日師過永定應麟部下石滿庫守永拒之六日城陷焚南城樓縣署鼓樓東門橋及民居數百間殺戮男女數千人拘繫去者數千人 王見川乾隆永定志紀災，按永志報恩廟記

及在康熙乙卯還郡城之冬不詳其事據吳逆紀乃知清兵僞其抗師而居之也郡誌汀屬各縣誌俱未載及此嘗即邑事是實參考特詳記之

前一三三六年 康熙十五年丙辰鄭氏奉明永曆三十年 五月二十日劉應麟以汀州降於鄭經經封應麟奉明伯遣後提督吳淑入守之 參杭志兵事杭志寇變台灣通史劉國軒傳云應麟復以海上吳淑薛思汀州受奉明伯僞 按杭志舊府志云五月二十日以汀州叛附鄭海寇入汀州據此九月以前汀仍為耿氏所有未確錄實著度泉鄭錦閩漳州十四年十一月二十日總兵官吳淑等引賊入城其吳淑乃守汀降鄭氏者 九月康親王傑書統兵定閩尹雲龍反正吳淑敗於邵武 杭志寇變 十二月二十三日清兵至應麟自焚其居而遁 府志兵戎 同吳淑奔上杭杭人堵塞城七門以拒之應麟走潮州淑遁入海 杭志寇變 是歲康親王疏免十六年分並以前錢糧 府志田政

前一三三五年 康熙十六年丁巳 米價湧貴每石銀二兩 府志祥異 按舊志曾十五年丙辰寇陷城本年云云

前一三三四年 康熙十七年戊午 正月吳三桂前鋒韓大任自江西入汀兵潰老虎洞副將裴天祿招撫之大任投誠駐城中月餘 府志武功 時潘雲桂知縣事安置郊外大師供億皆有方略四民不擾稱慈父焉 舊府志政績 按全祖望姚公啓聖神道碑吳三桂累年精忠簡合從福寧之界守之然鄭兵不能踰取汀州精忠言屬於鄭氏汀州之遂而大兵已從仙霞關入公為前鋒乃遣人說之遂降其餘將公提師歸經略遂乘虛遠取興化邵武而三桂驍將韓大任者出所部小隊從出為三桂應援取吉安贛關久扳兵不接突圍由贛入汀將與經合公曰此雛兒也不可棄以貽敵單騎至其營說降之願其兵得死士三千耳資之然以為親兵汀州平自大任降而公之威名益振據此似大任之降由於得福爵將總督招降大任當是本舊志仔時郡舊志政績傳以省通志鄭經遣官途降所遣之官即潘雲桂云汀州平自大任降實在不然覽氏所引亦十五年十月其年十二月鄭屬乘城逃汀州平久矣當以舊府志所載為得其實據小碑文體功將自來是據信也

前二三二年 康熙十九年庚申 十一月彗星見 舊志祥異

前二三〇年 康熙二十一年壬戌 太平屋橋災列肆三十間俱燬延及攀桂登俊二坊民舍市廛 同上

前二二八年 康熙二十三年甲子 十二月蟲蝕倉穀民間石米銀兩餘 同上

前二二七年 康熙二十四年乙丑 稅課司前災延燒惠政橋 同上

前二二六年 康熙二十五年丙寅 九月諭戶部福建地方爲賊竊踞民遭苦累所有二十六年下半年二十七年上半年地丁各種錢糧及二十五年未完錢糧盡行豁免十一月部文到省行縣 上杭志蠲卹

前二二四年 康熙二十七年戊辰 濟川屋橋災 舊志祥異

前二二三年 康熙二十八年己巳 詔頒耆民八十以上帛一疋米一石九十以上倍之七十准免丁徭 舊志蠲政

前二一六年 康熙三十五年丙子 大旱 舊志祥異

前二一四年 康熙三十七年戊寅 知府王廷掄濬復城西河故道先是六十餘年科名寥寂素封冷落至是科甲鵲起汀人士咸德之 舊志城池

前二〇六年 康熙四十五年丙戌 五月朔大水漂泊民居溺死男婦以數百計城內

水深二丈餘三日始退七日大雨洪濤復作知府方伸以汀州府匾投之乃霽 邑貢生黃文燦作汀水行云汀郡自青天[illegible]山風物頓生[illegible]開萬朵血刃[illegible]傳為[illegible]洪水異談康熙丙戌五月朔[illegible] [illegible]

前二〇四年 康熙四十七年戊子 府署池蓮花上生花如重萼冬有虎自北入人家 同上

前二〇二年 康熙四十九年庚寅 詔免四十八年以前積逋仍免五十年全年錢糧 舊志 [illegible]

前二〇〇年 康熙五十一年壬辰 建積貯倉積穀一萬石 汀戶稀[illegible]以[illegible]省[illegible]人[illegible]山多田少非廣多積貯無以濟於[illegible]除[illegible]府所現存穀六十餘萬石外內地入府一州分別地方大小共分貯穀二百萬石以備急需但閩省限於山海轉運艱難非他省舟車利便可比應照甘肅事例捐納十八[illegible]貯汀州府應分穀二十萬石長汀縣應分穀一萬石 府志公[illegible]

前一九四年 康熙五十七年戊戌 知縣張文偉初修縣志縣為汀郡附郭前代纂修附諸府志未別為書明嘉靖間知縣祝一鑑雖聘邑文學康誥纂志

十卷訖無傳本僅存邑先正楊昱一序至是文偉考文徵獻成書二十八卷其後乾隆中署縣陳朝義道光中知縣王堃喬有豫咸豐中教諭曾師洙光緒初知府劉國光一再續纂皆本文偉之舊其功良不可沒焉

前一八九年（雍正元年癸卯）七月十九日山水陡漲深丈餘鄉尤甚（舊志祥異）

前一八六年（雍正四年丙午）十一月詔閩省州縣有數次徵欠兩澤將康熙五十五年起至雍正四年止帶徵民欠地丁銀概予蠲免（舊志賦政）

前一八〇年（雍正十年壬子）縣署大堂災（舊志祥異）

前一七九年（雍正十一年癸丑）村落虎爲害（同上）

前一七七年（雍正十三年乙卯）九月恩詔民欠十年以上者蠲免量減佃租賜老民帛肉又詔雍正十二年以前民欠悉行豁免積穀濟民埋無主屍復七十以上一丁（舊志賦政）

前一七五年（乾隆二年丁巳）奉旨允王大方伯請以地氣炎熱五六兩月停忙七月接徵（同上）

前一六九年（乾隆八年癸亥）奉旨允閩浙督臣請將浙江尾幫漕米截留十萬

石蓮赴閩省以裨益緩急計（同上）

十二月彗星見（舊志祥異）

前一六八年（乾隆九年甲子）　建育嬰堂知府俞敦仁以鹽規二千五百兩爲口糧費（舊志續增卹政）

奉旨允高大方伯請將民欠三年帶徵（舊志蠲政）

前一六六年（乾隆十一年丙寅）　恩詔通免閩省錢糧（同上）

前一六三年（乾隆十四年己巳）　額定縣社倉穀四千二百二十二石有奇聽社長副自行經理以時出納先是康熙五十三年奉滿大中丞檄每鄉立社長社副雍正二年屢頒條令至是始定前額又常平倉專貯捐監穀以備平糶蠲振之用歷年官民捐積穀以備振者亦附焉倉廒皆動項建造不累里甲是年八月議準額貯三萬四千石有奇立東西南北四倉在三洲等處其後俱廢（舊志公署）

前一六二年（乾隆十五年庚午）　三月二十九日大水害禾稼（舊志祥異）

前一六一年（乾隆十六年辛未）　七月颶風飄瓦（同上）

前一五七年（乾隆二十年乙亥）　恩詔民欠錢糧年久及耔種口糧分應完者豁免

雜項派款永行禁革 舊志錫款

前一五一年 乾隆二十六年辛巳 恩詔册沒逃亡虛糧豁免賜老民帛肉 上同

前一四九年 乾隆二十八年癸未 詔免通省錢糧 上同

前一四八年 乾隆二十九年甲申 四月二十九日大水 舊志辨異

前一三六年 乾隆四十一年丙申 六月二十五日大水 上同

前一三五年 乾隆四十二年丁酉 十二月二十二日巳時天鼓響聲聞七八十里 上同

前一三四年 乾隆四十三年戊戌 恩詔養濟院留心贍養多設義塚 舊志錫款

前一三二年 乾隆四十五年庚子 詔免通省錢糧又賜老民帛肉橋樑損壞者葺之 上同

前一二六年 乾隆五十一年丙午 大旱九月初三日虎入城踞九龍山兵民逐至府倉下斃之重百二十觔爪傷把總吳功紀又傷兵民三人死者一 舊志辨異

前一二四年 乾隆五十三年戊申 二月初五夜大雪城市厚尺餘數日方消 上同

前一二一年 乾隆五十六年辛亥 九月地震 上同

前一二〇年 乾隆五十七年壬子 三月地震 上同

前一一七年 乾隆六十年乙卯 平原里民黃光琳年登百歲 上同

長汀城區印刷合作社印

前一一四年 嘉慶三年戊午 原任廣東左翼總兵陳應鎮年踰一百有三 同上

前一一二年 嘉慶五年庚申 七月十七日大水舟從城上入縣署六房案卷俱沒漂壞官民田廬無算 同上 有司發粟以振 舊志闕故

前一〇七年 嘉慶十年乙丑 四月地震 舊志群異

前一〇五年 嘉慶十二年丁卯 鄉官陳應鎮年一百一十歲 同上 五月地震 同上

前九八年 嘉慶十九年甲戌 夏不雨斗米錢五百 同上

前九六年 嘉慶二十一年丙子 夏縣署蓬萊閣池中產並頭蓮 詩邑宰吳卿留 閏六月十三日申時西南角有氣從地起流光如電響若擂鼓 同上

前九五年 嘉慶二十二年丁丑 三月大風雨雹折考棚旗杆拔九龍山松樹數株 同上

前九二年 嘉慶二十五年庚辰 大疫鄉尤甚六月二十四日戊申初更後明堂中星吐光丈餘二十五日己酉二更後歲星在東危室之間被黑氣遮蓋旋開旋蔽若日月食歷一時餘 同上

前九一年 道光元年辛巳 六月縣署蓬萊閣池中產鴛鴦並頭蓮 邑宰俞發蕆登子試以此命題 九月二十日戊時濟川橋災橋上列肆俱燬延燒抱清城樓 同上

前八七年（道光五年乙酉）七月彗星見十餘夜（同上）

前八五年（道光七年丁亥）十月二十六日府學明倫堂火（同上）

前八三年（道光九年己丑）青泰里王應祥妻翁氏一堂五代（同上）

十月初二日府署承發吏戶禮房火

前八二年（道光十年庚寅）青泰里劉家婦一產三男

四月十二日大雨溪水泛溢漂沒附郭田園無算夏秋有疫（同上）

前八一年（道光十一年辛卯）覃恩詔免地丁錢糧自嘉慶二十三年起至道光十年止積欠在民者（舊志蠲政）

前八〇年（道光十二年壬辰）大雪厚至三尺（舊志祥異）

前七八年（道光十四年甲午）大饑知府劉喜海不俟報聞先期發倉平糶振救民賴以濟（同上）

前七一年（道光二十一年辛丑）覃恩詔免地丁錢糧自十一年起至二十年止積欠在民者（舊志蠲政）

前七〇年（道光二十二年壬寅）七月初八大水漂沒民房溺死甚衆事聞予振（同上）

勸報振恤給米一個月每丁口每日五合輾發新監穀一千七百六

十七石六斗零舊志田賦

前六八年道光二十四年甲辰　大凍冰折壞北山松樹無數舊志祥異

前六四年道光二十八年戊申　同知覺羅克保倡建萬安倉十有一廒積穀一萬餘石舊志公署

前六一年咸豐元年辛亥　覃恩詔免地丁錢糧自道光二十一年起至二十九年止積欠在民者並賜老民帛肉暨各恩款有差舊志田賦

前六〇年咸豐二年壬子　十二月大雪厚尺餘舊志祥異

前五八年咸豐四年甲寅　城鄉倉穀生蟲冬縈坊有雌雞化雄同上

前五六年咸豐六年丙辰　七月間西方夕起白氣數十丈夜半始滅數月如是人以爲蚩尤旗明年四月太平軍至汀城陷人民被害無數八年白氣復見西方太平軍又至舊志祥異

前五五年咸豐七年丁巳　先是廣東花縣洪秀全起事於廣西所至披靡據江寧爲天都號太平天國是年春翼王石達開部下石鎮吉自號國宗鎮吉或作正紀本姓宋係達開妹倩入冒其姓犯福建陷建邵諸郡縣三月辛巳陷寧化汀邵總鎮富勒興阿領兵守竹篙嶺紹中曾光明紀事作屯寮嶺　四月七日丁亥賊至隘富勒興阿

先遁聳報至汀關城文武皆遁明日戊子賊入城焚殺淫擄民不堪盧河田鄉民團練禦賊迎富總戎於上杭上杭生員闕瑸例貢丘勳從九藍柏林團英應募得一千人富督領官軍同勇先進四月二十二日壬寅總兵抵河田敵詗知乘夜遁下癸卯黎明猝遇混戰至巳牌後敵大股包裹而前兵潰丘勳藍柏等及所帶勇五十餘人均力戰死鄉民被殺數百五月辛亥朔敵軍竄上杭攻城弗克走武平給守者開門入屠其城竄軍門嶺當敵竄上杭同時分股竄瑞金乙卯後隊竄入新橋五坊塘鄉民數千陸續赴隘前隊爲其所敗敵亦不知虛實迂道竄瑞金（參縣續志忠錄上杭縣志寇變邑中舊紀克明紀事）

閏五月流星如月光亦不減半空而行自北尾帶紅綠數十丈沒後天鼓響連年屢見（縣續志祥異）

是時敵軍盡退惟另股花旗軍仍踞寧化郡紳集鄉勇數百駐石牛不敢進會提督鐘寶三兵至邵武郡紳往請花旗軍亦退（邱克明紀事）

前五四年（咸豐八年戊午） 五月花旗軍復陷寧化五坊鄉勇數千屯石牛及竹篙嶺敵軍不敢逼八月石軍團歸化不克九月復陷寧化率衆數十

萬入汀竄瑞金旋來旋去過十數日始盡石國宗破連城趨龍巖折回江西宰制余某由寧化出下廖癸未入城直趨策田數日更走濯田鄉民出不意多爲所擄旋由山徑竄江西之會昌（參縣續志忠節鄒寬聞紀事）

前五三年（咸豐九年己未） 秋七月十里鋪有田沉崩數畝成湖二口毗連一深二丈餘至冬無水一數十丈深不可測（縣續志雜錄）

前五二年（咸豐十年庚申） 十月學使徐樹銘由龍巖抵上杭時敵既陷武平頭裹花巾號花旗股學使留杭籌兵餉十一月朔赴汀杭民郭英自備口糧募勇得百人護送並捍衛考棚（上杭縣志） 已抵汀進紳民籌防守勸捐輸紳民踴躍得數萬金悉付知府孫家良募勇未集學使正較馬射武平告急總兵袁良領兵往援郡城益空辛亥諜報瑞金陷紳民請發帑募兵孫守弗聽知縣朱慶銑赴古城敵已破隘嶺而入十二月三日壬戌敵突至遇諸塗殺之（按舊志云知縣朱慶銑率勇守隘嶺古城壬戌敵突至遇害據舊志是慶銑策古城來茲從鄒寬明紀事又據故老相傳守隘僅十人敵乘夜殺之所祭旂如故敵已入城而官民猶不知也） 敵遂從西門入城始僅數騎府學教授黃世臣於考棚外遇害武童乃挾學使從龍山書院踰垣而出由連城返省（縣續志忠節） 孫守棄城而逃至魚溪爲鄉民亂石所斃續志載爲賊所執被

殺蓮城者飾詞也（此句祀事續志多飾詞執志不載採守之死亦諱之耳今訪耆舊正之）先是十月間有黑氣似雲將城旋繞僅缺東方一處迨敵自瑞金至汀凡人民逃者走東方則免往他方者多被擄去（據續志詳異）癸亥敵兵四出分紮天官丞相彭大順据郡城朱衣點据任屋岡童大羅瀲古城吉慶元據河田汪海洋據蔡坊（據續志忠節）

前五一年（咸豐十一年辛酉）正月總兵袁艮由武平回駐童坊與漳兵合庚戌敵由確米嶺直擣童坊官兵潰漳營林千總死之二月省兵數百至連城進屯長壩癸未敵突至官兵不戰而潰遂陷連城敵分踞郡城四堡河田任屋岡連城縣姑田等處亘數百里三月彭大順在姑田鄉民林駝子以練兵三千大敗之彭逃遂亦中鎗殞命（自彭大順以下據故老流傳補訂）四月林提督統壽勇由小陶進攻姑田童大羅戰敗回汀記名道張銓慶領興化勇進攻四堡敵亦退邵城於是林提督進兵河田張道進兵新橋辛未卸縣趙均率勇數百為前鋒至十里鋪遇敵數千且戰且退至三望岡適張道援兵大集自晨至日昃鎗砲之聲不絕癸酉敵走篁竹嶺甲戌官兵入城各路敵軍俱遁（參縣續志忠節邵友明紀事）

前五〇年（同治元年壬戌）七月龍山書院雙檜堂左邊檜樹下雷起綠樹而上樹從此枯又蒼玉洞門外左邊石巖內大樟一株依巖而生數百年物狀甚奇古一旦樹內生火自焚（縣續志祥異）

前四八年（同治三年甲子）曾國荃拔金陵洪秀全自殺餘黨竄江西七月康王汪海洋至瑞金經兵關鎮國率勇守隘嶺汪走寧都九月復間瑞金過覃門嶺破鎮平武平求援適按察使張運蘭統湘勇至汀遂率勇往戰死汪至濯田知府朱以鑑募潮勇守蔡坊凱字老湘營紮巖子前庚申敵猝至河田前隊與潮勇遇勇殊死戰湘營鼓角齊鳴天未昧爽賊不辨官兵多少懼伏引去竄據平原設險自固時李侍賢已陷漳州閩浙總督左宗棠駐延平撥兵至汀凱字老湘營遂進逼平原布政使王德榜統老湘營進屯新泉（參縣續志祥異鄭克明紀事）

前四七年（同治四年乙丑）正月官兵進攻平原敵敗由上杭舊縣竄走（縣續志忠節）是年十月陷嘉應州時左宗棠督辦江西福建廣東三省軍務會三省官兵圍攻十二月十二日汪海洋中鎗死二十三日復嘉應州城遂告肅清（參嘉應州志）鄭克明曰閩自耿藩鄭氏降後汀民不見兵革者

百餘載洪楊肇亂廣西躪兩湖陷安徽據江寧爲天都分股四擾其入閩者四犯汀境三陷郡城八縣僅上杭歸化未破屠戮之慘不減明季諸流寇而官吏之債事土匪之助虐尤後人所當引爲殷鑒也

鄭克明紀事　以上均丘復纂

前三四年（光緒四年戊寅）　四月多雨挹清門右城牆及西瑞門左城牆各崩十餘丈（舊志雜異）

前三〇年（光緒八年壬午）　三月十六夜雷雹風雨暴作西自蕭積坪東南訖水東街所至牆屋傾倒壓斃男婦二十餘人　以下均廖荻甫據采訪稿輯非廖輯者概註明。

前二八年（光緒十年甲申）　三月地震

六月彗星見於東南

前二二年（光緒十六年庚寅）　十月古鎮南門內火燬民房百餘

前二一年（光緒十七年辛卯）　二月天雨「卍」字巢（俗呼雞爪栗）

斗米錢五百發倉平糶

前二〇年（光緒十八年壬辰）　十二月初三日大雪平地厚三尺餘

長汀縣區印刷合作社印

前一八年（光緒二十年甲午） 十月十二夜哥老會首李矮伯公倡亂計圖攻城劫獄進至城南七里亭聞城中有備折回翌晨邑令茅祖復命將許存誠等六犯正法矮伯公旋爲知府胡乾廷擒獲置法

前一六年（光緒二十二年丙申） 六月彗星見於東北數日沒

前一三年（光緒二十五年己亥） 五月蝗遍城鄉

前一二年（光緒二十六年庚子） 五月米貴發倉穀平糶

十二月二十五晚店頭街火被害者七八十家

前一一年（光緒二十七年辛丑） 五月初四日大水城內深六七尺或三四尺不等房屋倒塌數十各鄉田廬道路橋梁衝毁者不計其數

前一〇年（光緒二十八年壬寅） 七月[illegible]水不減辛丑年半片街橋下壩一帶被災甚

修

前九年（光緒二十九年癸卯） 正月初二日冰凍試院內柏樹折一大榦壓壞棟楹塵位適學行院試爰停試一日

前八年（光緒三十年甲辰） 三月郡守張星炳邑紳康詠創辦汀郡中學堂

前七年（光緒三十一年乙巳） 二月汀州郵務局設立

六月水東街大火焚去商店二百餘間

八月十六夜半片街火燬列肆數十間

前六年（光緒三十二年丙午）　設勸學所於提調堂以鄒勵成爲總董

縣教育會成立選康詠爲會長

前五年（光緒三十三年丁未）　創辦官立高等小學堂

縣商會成立選鄒克明爲總理

縣農會成立選鄒克明爲總理

前三年（宣統元年己酉）　改保甲局爲汀州警務局

八月彗星見東北九月始沒

前二年（宣統二年庚戌）　縣議事會成立選鄒克明爲議長

省諮議局成立本縣選康詠張選青爲議員旋由諮議局選爲京師資政院議員

前一年（宣統三年辛亥）　八月十九日黎元洪起義於武昌是日爲陽曆十月十日中華民國成立定是日爲國慶紀念日

九月二十一日孫道仁獨立於福州是時閩浙總督松壽福州將軍

樸壽皆滿人防止革命黨甚嚴自武昌起義各省響應蘇撫程德全首獨立革命勢力益大至是閩省獨立松樸皆死之

二十八日省城獨立報至同盟會員劉家駒丁仰臯劉青藜楊仰程康紹麟熊汝堉等密與巡防營管帶劉光漢（即先發）謀響應事爲汀邵鎮總兵崧煜汀州知府來秀聞悉是夜煜乘間剃鬚遁去秀服阿芙蓉膏至二十九夜死煜秀皆滿人

十月朔汀城宣告獨立公推管帶劉光漢遊擊易福元爲臨時正副司令知縣包謙仍舊供職邑人鄭蔚勳康謙等籌設自治會

八日濟南李宗堯率杭永民軍入城邑中雖宣告獨立秩序大亂游勇樊彪率匪黨數十人先入城煽惑軍隊劉易不能制自治會中人聞宗堯率民軍光復大埔永定上杭乃以書約之來既入城駐永定公所劉樊等見民軍單薄輕視之是時謠言四起謂民軍將繳舊軍械舊軍惑之陰謀陷害十日約民軍全體開會民軍中有人燭其奸阻勿往宗堯不從再三阻乃命賴良弼（即涼血）涂弼垣往即被樊匪所戕剖心掬血以飲爲狀至慘樊匪並率隊圍行營宗堯猶以舊

軍爲誤會謀和解匪圍攻益急歷四日不能破最後乃出獄囚挾石油升屋端火之民軍冒險衝出鏖戰數小時宗堯逸去民軍死者五十有二人 丘復纂

十一月十三日中華民國臨時政府成立於南京舉孫文爲大總統改用陽曆即以是日爲元年一月一日

中華民國元年壬子二月十日淸帝退位南京參議院舉袁世凱爲臨時大總統

六月開臨時省議會本縣選郭鳳城康謙爲議員

二年癸丑一月正式省議會舉行復選於縣城本縣選彭振聲張純菁爲議員

前參議院議長林森來汀指導籌辦國民黨

汀州學會同人創辦汀州圖書館

十二月廢府制本縣直隸汀漳道

三年甲寅七月大水

冬瘟疫

四年乙卯一月汀州電報局設立
六月大水城鄉牆屋傾塌甚多溺斃者數十人縣公署亦被冲塌
五年丙辰設修志局僅數月罷
七年戊午二月地震五次
四月護法軍由粵入汀尋爲閩軍(內有奉軍)第五支隊司令周永
桂攻退自是兩軍往來無定而奉軍每次進城肆行刼掠大失民心
迨七月仍爲護法軍攻克
八年己未閩軍護法軍協議停戰本縣劃歸護法區
總司令陳炯明遣送半官費生往法留學
九月祖師廟前火燬民房二十餘間
十一月陸軍第二十四混成旅派營長楊化昭駐汀
十年辛酉七月古城蟲蝕竹爲害甚烈
秋開辦汀州公立師範學校
十一年壬戌設汀州甲種商業學校
長汀南陽鄉與上杭通賢鄉合辦長杭中學校於南陽

冬舉行全縣高級小學生會考

十二年癸亥福建陸軍第三師王獻臣部隊駐汀

設縣立明倫女學校

師部令設防務局徵收賭捐准人民開場聚賭

十三年甲子五月福建陸軍第一師師長臧致平及陸軍第廿四混成旅旅長楊化昭退師返浙繞道本縣王獻臣避古城邊近畿軍李營長（適由江西來援）往禦於城東十里鋪陣亡全營幾沒臧楊進城邑紳提取公款以充軍餉三日乃去

設公路局令城內外大街改築公路並將城垛磚拆除移鋪路面

十四年乙丑秋四保旱

開辦縣立女子師範學校

十五年丙寅第三師響應國民革命軍改編爲第十七軍本縣始隸黨治第十七軍移上杭第十四軍第二師謝傑駐汀委知事籌軍餉月餘退

縣婦女會成立

十六年丁卯上元日申刻地震
四月本城郭泰峯與鄭森兩部因細故啟釁巷戰數次未幾清流鄒含英助郭以克鄭旋為武平藍玉田上杭孔鸞臣兩部擊退藍孔蓋助鄭者因是地方擾攘數月
九月紅軍賀龍葉挺等部由江西入汀約一週南退其部屬曾光前等行次河田叛變回據汀城月餘退江西
十一月新編第一軍第二師郭鳳鳴（邑人）部隊駐汀（旋改省防軍第二混成旅）
十七年戊辰設修志局年終而罷編成十二門
二月第十三軍錢大鈞部蔡忠笏師長由粵過境第二旅退駐四郊
是年又提用公產
省教育廳設省立鄉村師範學校於新橋
邑人羅化成段浩王仰顏邱潮等祕密組織共產黨徵集黨員
公立平民職業學校開辦
官商合辦汀州電燈公司

十八年（己巳）三月紅軍朱德毛澤東率二千餘人由瑞金繞道四都進攻汀城郭鳳鳴率隊禦戰於長嶺寨陣亡前鋒營長王寶珍亦戰死於是部隊潰散紅軍進城焚去縣政府及旅部並派餉經二旬還江西第二旅返城團長盧新銘（邑人）代理旅長是時羅化成等皆加入紅軍從事共產工作

春汀東坪上村後之石嶂山日夜驚鳴音類呻吟迄秋該村被外匪盤据隣村目爲匪巢聯合往剿燬民房百餘所

四月陸軍第七師王均部李文彬旅長來汀由四都濯田等處剿紅軍詗知其將取道水口乃與第二旅約往夾擊至則第二旅前鋒兵力單薄不敢進李部以獨力難支按兵未動紅軍因得渡河趨上杭蛟陽時李部軍帽外加白布套汀民爰稱之爲白軍逮五月調回江西

十一月縣長邱耀驤因亂避古城遇害

十二月閩粵贛邊區指揮金漢鼎部隊由贛來汀時大雪平地深尺餘木炭每元五斤翌年正月始霽

長汀城區印刷合作社印

十九年庚午春金部開回江西其旅長周志羣忽由瑞金折回縣城改稱護黨救國軍勒派軍餉旋以紅軍朱德毛澤東將至乃離汀自是迄翌年七月紅軍旋來旋去而王仰顏羅化成等仍留縣境內往來於四都濯田南陽涂坊等鄉屢向縣城進襲逼近西郊一度抵東關營均被駐軍拒却駐軍爲第二旅黃月波團長羅廷輝繼則救鄉團劉恩瑞岳連陞終則閩西第一支隊司令盧新銘團長馬鴻興易啟文（均邑人）等部隊

七月雨雹颶風羅坊古樹拔去數株南津橋被衝倒

洪水涂坊宣河半溪南陽南山塌等處多被害

二十年辛未三月本地團隊給養缺乏將公產典質移充軍餉豐備等倉積穀提用一空

四月十五日團長馬鴻興以涂坊有共產黨率隊往燬房店六十餘間

自七年以來本縣縣長大都由駐軍委任籌餉頻煩錢糧征至二十三年

九月十一日團長易啓文部隊開往連城紅軍朱德毛澤東率萬人入汀實行共產設蘇維埃政府於縣城張鼎丞爲主席設中央蘇維埃政府於瑞金毛澤東爲主席復設軍事委員會朱德爲委員長自是汀地隸共產黨者凡四載

十一月八日國民政府軍委會派飛機炸燬上十字街一帶房店二百餘間斃男婦四十餘

編全縣壯丁爲赤衛隊又編少年先鋒隊婦女隊兒童團

二十二年癸酉 米荒每元三升三合民多食麥糜

將全縣資產階級之男女編成勞役隊押住於各寺廟

二十三年甲戌 鹽荒每元八錢人多掘硝泥熬鹽而食蓋受國軍封鎖也

九月東路軍第三縱隊指揮李延年率六師進攻汀連交界之松毛嶺先是紅軍總司令朱德督重兵駐守防禦鞏固至是東路軍用飛機大砲猛烈攻擊紅軍敗退是役雙方死亡枕藉屍遍山野戰事之劇空前未有此後東路軍漸向汀地推進而鍾屋村而南山壩而河田兵力所及闢公路以利運輸築碉堡於要隘以資防守

本縣無資產階級加緊向資產階級報仇先是民國十年以還本縣資產階級對於無資產階級往往倚勢欺壓鄉區尤甚無資產階級積憤莫伸迨二十年閩紅軍入汀乃相率參加先後掌握地方政權乘機向資產階級報仇近因松毛嶺失守東路軍節節進逼報復之風益熾資產階級死者不少

十一月一日晨東路軍用飛機掩護向汀城推進紅軍且戰且退至十時退江西東路軍入城自是汀地復隸國民政府

福建省第八區行政督察專員兼區保安司令駐縣城先是本省分爲十行政區各設督察專員一員兼區保安司令長汀永安連城清流明溪（歸化改）寧化六縣隸第八區督察專員駐連城至是移駐長汀並兼縣長

奉令設立長汀縣善後委員會辦理地方各項事宜專員林斯賢兼委員要公推廖荻甫黃冠勳黃鬷任常務委員（黃鬷以年老冠勳以病辭職）迨次年五月諸事就緒會乃裁撤

省令設立長汀縣黨務指導員辦事處

復設長汀縣公安局（即今警察局）

二十四年乙亥全縣分爲十區各設區公所置區長一員厥後併爲四區

區公所改稱區署

二月復設縣商會

七月復縣立龍山小學

八月復省立長汀中學

十月福建省十行政區歸併爲七區長汀連城清流明溪寧化建寧泰寧武平八縣隸第七區專員仍駐本縣

省令設立長汀縣農村合作指導員辦事處

二十五年丙子奉中央令收寅塘上民田六百餘畝改造飛機場

省令徵收房鋪宅地稅

開辦縣農場

六月二十七日恢復縣婦女會

十二月一日省令設立長汀縣社訓總隊部（即今國民兵團團部）

二十六年丁丑開始修復文廟

長汀地區印刷合作社印

八月七日夜縣保安隊二分隊叛變投歸劉源鄉劉宗孟部下翌日謠言四起交通斷絕適軍備分處專員兼縣長秦振夫窮於應付乃由財務委員會委員長康子常借康粵生康術劉綬閣劉寶湯等往劉源鄉與宗孟及陳龍飛協商允給該二部犒勞費九千元始罷尋秦專員以子常等暗與宗孟等勾結予以槍決綬圖逸免宗孟龍飛已遠避時省保安第八團駐汀

十一月國立廈門大學因抗日軍興由廈門遷縣城

十二月專員不兼縣長省政府派員專任

二十七年戊寅施行征兵先是二十六年七月七日晚日軍炮轟宛平我軍英勇抵抗蘆溝橋事變發生從此愈演愈劇激成全面抗戰中央為加強抗戰力量起見通令全國施行征兵至是本縣遵令辦理

自本年起人民一切交易專用紙幣有銀幣者須向銀行調換紙幣亦受抗戰影響也

二月二十日省令設立長汀縣衛生院

四月三十日至六月日機共來偵察六次並向飛機場投彈

六月縣長陳世鴻令汀民自動投稅著爲例

十八日汀江日報（即今中南日報）出版

西路竹蝗爲害紙額頓減數萬擔

二十八年己卯一月復縣教育會

奉令設土地編查隊編查全縣土地

三月新縣政府落成縣長陳世鴻建

四月二十七日日機炸毀橫岡嶺民房數所及厦門大學宿舍一部

五月四日中國工業合作協會東南區長汀縣事務所成立

十日日機炸毀上津灣及新縣政府附近民房數所

大雨溪水暴漲營背街井有聲嗡嗡歷數小時水變混濁居民傾清茶於井以紅氈蓋井欄聲始息水亦變清

六月二十二日日機六架炸燬社壇前仙隱觀前報恩寺前等處民房二十餘中正路商店數十老幼共斃四十餘人

九月開辦縣立中學

十一月公共體育場落成

十二日舉行全縣運動大會

二十九年庚辰縣長黃愷元就霹靂巖修建公園壽改名中正公園

一月十三日設縣誌修纂委員會

三月二日四時地震約二分鐘

五月一日省令設立長汀縣地方行政幹部訓練所

六月公有款產歸由縣政府管理

七月一日省銀行長汀分行開幕

八月一日福建省外銷紙品長汀聯合外銷處成立長汀紙品之外銷及收購由該處經營長汀紙商不得自由營業闔經商民力請乃撤銷

九月八日縣立圖書館成立

二十日舉行全縣行政會議縣長黃愷元任主席票選廖荻甫任副主席開會三日

十月十日舉行第二屆全縣運動大會

省令田賦改征米折

十五日長汀廣東省銀行開幕

二十七日復縣農會

三十年辛巳一月六日長汀中國銀行正式營業

二十二日上午九時四十分地微震

五月三日閩西食鹽濟運籌備處設立自抗日軍興各地鹽場多數淪陷至是財政部福建省鹽務管理局爲謀供應內地民食以維戰時需要特設食鹽濟運籌備處於汀城負責計劃公購公運公銷事宜

六月一日省建設廳設立閩西農田水利工程處於汀城

十八日舉行全縣行政會議縣長葉長青任主席票選縣執行委員會書記長黃際竣任副主席開會三日

九月一日長汀縣田賦管理處成立自是田賦改征實物

十五日中央銀行長汀分行開幕

二十一日午後一時五十分地震

二十四日午後六時二十五分地微震

長汀城區印刷合作社印

十月十日長汀縣救濟院成立

教育部特設國立僑民師範學校於南寨以培養國外各僑民小學健全師資

三十一年壬午一月五日中國農民銀行長汀辦事處開業

十五日日機九架又來投彈炸燬中正路司前街司背街半片街打油巷及小關廟前行店二百六十餘間暨官店背牛皮寮下橋下塌五通廟前民房數所擊沉民船十餘艘共斃男女一百餘人傷數十人報聞省政府撥五千元施振旋中央振濟委員會委員長許世英因公過汀聞悉親往災區勘察並電請中央撥匯振款五萬元省執行委員會派組織科長黃際蛟攜振款五百元來汀發放又本縣及各方募款計達一萬餘元之譜

二月十二夜大雪

三月省教育廳設省立長汀民衆教育館於汀城

縣政府為整理市容特令中正路司前街一帶建復商鋪須照規定式樣不得參差